갖고 싶다
이런 키친

카페처럼 아늑하고 세련된 주방 꾸미기 *

갖고 싶다
이런 키친

카페처럼 아늑하고 세련된 주방 꾸미기 *

스즈키 나오코 지음 · 박재현 옮김

심플라이프

contents

Part 1
Real Kitchen 라이프 오거나이저의 키친

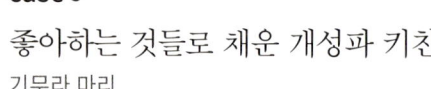

Part 2
Special Seminar 특별강좌

수납정리법도 뇌에 따라 달라진다. 나는 어떤 타입?

라이프 오거나이즈에서는 자신에게 맞는 정리법을 찾는 방법으로 두뇌 사용을 참고한다. 교토대학 명예교수 사카노 노보루의 주장을 근거로 일본 라이프 오거나이저 협회가 그 경향을 조사, 분류해 정리했다. 뇌는 크게 우뇌와 좌뇌로 나뉘고 둘은 역할이 다르다. 손이나 발처럼 뇌도 사람에 따라 더 발달한 쪽이 있다. 쉽게 말해 우뇌는 아이디어나 직감, 이미지를 처리한다. 또 공간 인지나 색, 형태를 파악하는 데 능하다. 좌뇌는 말하거나 쓰기, 논리적인 인지 처리를 담당하며 문자정보나 숫자, 계획적인 일에 능하다. 따라서 자신이 어느 쪽 뇌를 활용해 정보를 인풋하고 행동으로 아웃풋하는지 알고 있다면, '서랍에 넣어 라벨을 붙여 일목요연하게 보이는 게' 좋을지 또는 '투박한 바구니에 한꺼번에 담아두는 게' 좋을지 알 수 있다. 이것을 알기만 해도 자신에게 맞는 정리 시스템을 만들 수 있다. 물론 예외는 있겠지만 자신에게 맞는 정리법을 찾는 데 참고해보자. 이 책의 Part 3에 있는 '좌우' '우우' 등의 표기는 인풋과 아웃풋의 순서로 자주 사용하는 뇌를 나타낸다.

Part 3
Tips 123 살림의 지혜

나다운 삶을
완성하는 공간, 키친

'라이프 오거나이즈'란 말을 처음 들은 건 2009년 무렵이다. 평소 주변 정리가 서툰 탓에 사람들에게 '벌여놓은 채'로 산다는 핀잔을 자주 듣던 때다. 내심 이 문제를 해결해야겠다며 몇 년을 고군분투하며 보내고 있었다. 그러다 우연히 '라이프 오거나이즈' 강좌가 있다는 소식을 들었다. 라이프 오거나이즈란 미국 오거나이저가 실천하는 기본 정리법을 바탕으로 각자 생활방식에 맞게 체계화한 것이라고 했다. 주저없이 강좌에 신청했다.

놀랍게도 그곳에서 배운 것은 기술이나 요령이 아닌 마인드였다. '필요 없는 물건은 버려라'나 '수납 방법'이 아닌, 어떤 의미에서 매우 심플하면서도 심오한 것, 바로 '나 자신을 이해하는' 일이었다.

'나는 어떤 생활을 원하는가?'

'나는 어떤 사람이길 원하는가?'

'나는 가족과 어떤 관계를 만들어가길 원하는가?'

'나는 어떤 것을 좋아하는가?'

'나는 왜 이것을 사용하고 싶은가?'

얼핏 보면 정리와는 관계가 없어 보이는 이런 질문을 자신에게 던짐으로써 '내가 진정으로 원하는 것'을 알아가는 과정이었다. 처음엔 다소 낯설게 느껴졌지만 생각하면 생각할수록 마음이 끌리고 공감이 됐다.

실제로 정리에 관한 고민은 자신이 무엇을 원하는지, 무엇에 스트레스를 받는지 알지 못하면 결코 해결되지 않는다. 그럴싸한 책을 읽거나 파워 블로거를 흉내 내거나, 멋진 인테리어 용품을 구비해도, 자신의 생활방식과 마음에 드는 공간을 만들지 못하면 꾸준히 유지되지 않는다.

따라서 정리 수납은 '나는 어떤 것에 기분이 좋아지는

가'를 파악하는 데서 시작한다. 이것이 바로 정리를 잘하는 최고 요령이다. 이는 내가 라이프 오거나이저가 되고 나서 수많은 고객을 만나면서 든 확신이다. '나는 어떤 삶을 살고 싶은 가'에 대한 가치관을 먼저 세우고 그 가치관에 맞춰 중심이 흔들리지 않으면, 저절로 물건은 줄고 생활은 심플해진다. 잔재주 따위는 필요 없어진다.

내게 딱 맞는 키친이란?

이 책에서는 자신이 원하는 것을 알고 그에 따라 '최적의 생활'을 찾아낸 라이프 오거나이저 와 그들의 키친을 소개한다. 물론 정리와 수납에 관한 다양한 아이디어도 소개할 예정이다. 이들이 처음부터 정리의 달인이었던 건 아니다. 많은 시행착오를 거치면서 자신에게 맞는 수납법이나 가족 모두가 참여할 수 있는 방법을 찾아내 그들만의 키친을 만들었다. '멋 부린 누군가의 세련된 키친'을 흉내 내거나 '늘 꿈꾸지만 실천에 옮기지 못하는 키친'이 아닌 '내 가 기분 좋은, 쾌적한 키친'을.

그 키친에서 이들은 매일 요리를 하고, 정리를 즐기고, 가족과 웃으며 행복한 시간을 보낸다. 또 효율적 공간을 통해 얻은 시간은 자신이 하고 싶은 일을 하면서 보낸다.

정리는 생활이 더 즐거워지도록 만드는 행위다. 또한 겉보기에 비슷해 보이는 수납이나 아 이디어도 거기에 이르기까지 이유나 과정이 각기 다르다. 이 책의 책임편집 역할을 맡아 여 러 키친의 오거나이즈 사례를 확인하면서 든 생각은 '생각이나 실천에 정답은 없다' '사람은 제각기 다르다'는 점이다. 그리고 누가 뭐라건 '자신만의 기준'에 맞춰 정리된 공간은 아름답 다는 점도 깨달았다.

정리의 궁극적인 목적은 겉보기에 아름다워 보이는 것이 아니다. 하지만 뚜렷한 가치관에 따라 삶에 중요한 것들 위주로 선택하면 공간은 자연스럽게 정돈되고 아름다워진다. 정리를 잘해두면 물건을 찾거나 넣고 꺼내는 스트레스에서 해방될 뿐 아니라 생활 또한 아름답게 진화한다.

흔들리지 않는 '중심'이 있는 공간은 아름답다. 그렇게 아름다운 공간은 편하고 즐겁고 기능 적이다. 나아가 아름답게 정돈된 공간은 그 상태를 계속 유지하기 위해서 다시 정리정돈을 하는 선순환으로 이어진다.

키친에서 모든 것이 시작된다

키친은 일상 생활의 중심 공간이다. 그래서 키친을 보면 그곳에서 생활하는 이의 '라이프 스타일'이 보인다. 키친은 가족 모두가 안심하고 먹을 안전한 요리를 만드는 장소이자 가족의 건강과 인생을 향상시키는 기지, 말하자면 주부의 조종석이다. 그래서 키친을 정리하는 일은 생활의 질이나 가족의 행복과 직접적인 관련이 있다. 또한 키친이 제 기능을 다하면 '나다운 인생'에 한결 가까워진다.

여러분의 키친도 모쪼록 '편하고 즐겁고 아름다운' 공간이 되었으면 좋겠다. 사랑이 가득 묻어나는 요리와 웃음, 건강이 함께 있는 공간을 만드는 데 이 책이 작은 도움을 줄 수 있다면 바랄 게 없겠다.

라이프 오거나이저
스즈키 나오코

Part 1

Real Kitchen

라이프 오거나이저의 키친

요리하고, 먹고, 정리하고…
살림하는 재미를 되찾은
7명의 키친과 생활을 소개합니다.

파리에서 온 가구. 앤틱 유리액자나 포스터처럼 자신
이 좋아하는 물건을 전체 균형에 맞게 배치해 기분
좋은 공간을 만들었다. 검은 벽면은 직접 페인트를
칠했다.

case 1

가족이 적극적으로
참여하는 키친

Keiko Sueyasu

거실에 있는 가족과 대화를 나누면서 식사 준비를 하는, 정원도 한눈에 들어오는 개방형 키친. 아침식사는 테이블에서.

스에야스 게이코

이 집은…

이바라키 현 거주
남편과 아들(중3), 딸(초6)의 4인 가족
단독주택 4룸 177.15m²
키친 9.8m² 약 3평
팬트리 겸 작업 공간 4.48m²
지은 지 10년

우세한 뇌

인풋…우뇌 / 아웃풋…좌뇌

프로필

생활 소사이어티에서 일한다. 서툴기만 했던 정리의 어려움을 극복하고 라이프 오거나이저가 되었다. 일과 가사를 병행하면서도 '생활을 정돈하면 매일이 달라진다'는 사실을 더 많은 사람들에게 알리고 싶다는 마음으로 일한다. 바리스타로 일했던 경험을 살려 '집이 좋아지는 수납강좌'를 한다.

창에서 빛이 들어와 환한 키친은 가족 모두에게 기분 좋은 공간이다. 자연스럽게 이곳에 모여 요리하고, 엄마의 일도 돕는다.

이른 아침부터 늦은 저녁까지 직장에 다니는 스에야스 게이코 씨. 집은 오감을 만족시키는 차분한 공간이길 바랐다. 직접 뭔가 만들길 좋아하는데, 거실의 캐비닛에 장식한 밀랍 아로마 초도 그중 하나. 유명 커피숍에서 바리스타로 일한 적이 있다.

카페 코너. 물건의 양은 가급적 줄이고 사용하지 않는 것은 처분했지만, 마음에 드는 카페용품은 사용빈도와 상관없이 진열해둔다.

오감을 즐겁게 해주는 물건들에
둘러싸여 생활하고 싶다

스에야스 게이코 씨는 '풍부한 자연 속에서 아이들을 키우고 싶다'는 생각에 직장 근처에 집을 마련하기로 결심했다. 이러기까지 '나의 오감을 만족시키는 물건에 둘러싸인 생활이 중요하다'는 깨달음이 있었다.

현관 문을 여는 순간 그윽하게 감도는 향기, 눈에 들어오는 사랑스러운 잡화, 여유를 즐기며 듣는 음악, 리넨의 감촉, 그리고 요리나 커피를 음미하는 시간. 이것들이 스에야스 씨가 소중하게 여기는 '기준'이다.

그녀의 말처럼 이 공간은 오페르주(숙박 시설을 갖춘 레스토랑-옮긴이)를 연상시켜 보기만 해도 기분이 좋아진다. 전에는 도둑이 들었는지도 몰랐을 만큼 정리와 담을 쌓고 살았었다. 아이들을 돌보다 보면 하루가 훌쩍 가버리기에, 눈에 띄는 곳들만 겨우 정리하기도 쉽지 않았다. 매일 물건을 찾느라 동분서주했는데, 정리 수납을 배워 라이프 오거나이저가 된 후부터 정리가 쉽고 빨라졌다.

마음에 드는 디자인, 볼 때마다 기분 좋아지는 물건은 눈에 잘 띄게 둔다. 물건이 보이게 둠으로써 가족 모두가 예전보다 적극적으로 집안일을 돕는 시스템으로 변모했다. 토마토 캔은 진열 효과와 재고 관리를 한 번에 해결. 키친에서 팬트리로 이어지는 멋스러운 벽을 보면 정리가 저절로 즐거워진다.

my favorites

"이걸 하면서 내가 어떤 사람인지 알았다고 할까. 덜렁거리고 매사 귀찮아하는 내 성격이 싫었는데, 그 성격을 인정하고 보니 물건을 어떻게 두어야 할지, 내게 맞는 수납법이 뭔지 알게 되었다."

지금 그녀의 부엌엔 적당량의 물건만이 엄선되어 있다. "이젠 가족들도 뭐든 쉽게 찾고, 요리나 일이 한결 수월하다."

일을 마치고 집에 오면 자녀들이 밥을 지어놓기도 하고 휴일 아침엔 남편이 커피를 내려준다. 어느새 가족 모두가 부엌에서 시간을 보내게 되었다.

수납 룰

부엌 수납장 서랍. 커트러리는 4인분이 기본. 추가 구입이 가능한 동일 브랜드 제품을 선택하고, 손님이 왔을 때는 나무젓가락을 사용한다. 스테인리스, 목재 등 재질별로 분류해 수납이 간편해졌다.

rule 1
지나치게 분류하지 않는다
너무 세세하게 나누지 않는, 대략적인
수납이 유지하기 더 쉽다

rule 2
너무 많이
소유하지 않는다
쌓아두지 않고 적정량의 비축분을
유지한다

rule 3
제자리에 둔다
사용한 물건은 제자리에 둔다

싱크대 쪽 서랍에 깨, 미역, 후리카케를 밀폐용기에 담아 일괄 수납한다. 고정 플라스틱판을 끼워 움직이지 않도록 하고 뚜껑에 라벨을 붙여 구분한다. 필요한 재료를 한데 모아둔 후부터 요리를 자주 하게 됐다.

자주 사용하는 설탕이나 소금은 WECK 유리용기
에. 계량스푼도 꺼내놓는다.

가위나 필러 등도 재질별로 나눠 수납하면 사용이
편하다.

비축분은 적당량을 유지하도록 제과 재료, 건어
물, 말린 식재료, 가루별로 수납한다.

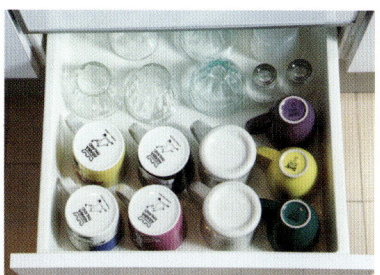

싱크대 서랍에 평소 사용하는 플라스틱컵과 머그를
엎어서 수납. 미끄러지지 않도록 하는 게 요령.

싱크대 문 안쪽에는 꼭 챙겨먹는 건강식품을. 밥
을 지을 때 넣을 곡물도 함께 수납.

비닐봉지는 재활용 상자에 넣어 깔끔하게 수납한
다. 봉지는 이 분량을 유지한다.

싱크대 아래에 쓰레기통 공간을 마련했다. 음식쓰
레기도 쉽게 버리고 먼지도 막을 수 있다.

가스레인지 아래쪽 서랍에는 sarasa의 향신료
병으로 일괄 수납. 디자인이 마음에 든다.

storage

평소 사용하는 식기와 손님용을 구분하지 않고 트레이를 이용해 더 이상 양이 늘지 않도록 한다.

키친에 섰을 때 눈에 띄는 공간은 좋아하는 것들로 꾸몄다. 직접 페인트칠한 벽에 걸린 시계, 앤틱 스테인드글라스로 장식한 공간이 편안함을 준다. 옆 공간은 팬트리 겸 작업 공간으로 요리와 일을 동시에 할 수 있다.

물건을 관리하는
자기만의
기준이 있는가

키친 옆에 있는 팬트리 겸 작업대. 반죽기와 조미료를 보관하고 잡화, 재활용 쓰레기, 서류, 문구 등 사무용품이나 생활 잡화를 넣어둔다.

캔이나 병 같은 재활용 쓰레기는 쓰레기통에 넣지 않고 무인양품의 헝겊 박스를 이용한다. 팬트리 바로 옆에 있는 선반에 두면 버리기도 쉽다.

부엌에서도 업무에도 자주 사용하는 마킹 테이프는 딱딱한 펄프 서랍에. 작은 물건이지만 제위치를 정해놓으면 흐트러지지 않는다.

식탁용 매트는 자석이 달린 클립에 키워 철제선반 옆에 붙여 수납.

조미료와 식용유 비축분은 아크릴 펄프보드 박스에. 바퀴가 달려 있어 무거워도 넣고 빼기 쉽다.

쿠키 형틀은 무인양품의 케이스 서랍에. 무인양품은 모듈이 정해져 있어 크기 조절에 실패할 염려가 없어 안심이다.

캔이나 과자를 수납. 평소 이 정도 양이면 충분하고, 너무 많은 양이 쌓이지 않도록 주의한다.

storage 2

휴일 아침은 커피와 함께 스에야스 씨의 아침식사

[삶은 닭고기 핫샌드위치(2인분)] ① 셀러리 1/2개와 양파 1/4개를 얇게 썰어 소금을 살짝 뿌린다. ② 마요네즈·과립 머스터드·꿀을 적당량 섞어 한입 크기로 자른 삶은 닭고기(가슴살) 1장과 ①을 섞는다. ③ 빵은 토스터로 한쪽 면을 굽고 구워지지 않은 면에 버터를 발라 상추와 ②를 끼운다.

[클램차우더(2인분)] ① 조개 200g을 뜨거운 물 200cc에 삶아 건지고 삶은 물은 잘 둔다. ② 베이컨 2장, 양파 1/2개, 당근 1/2개, 감자 1개를 잘게 썰어 버터 100g에 볶고 쌀가루 2큰술에 무친다. ③ ①의 조개 삶은 물과 콩소메 1개를 ②에 넣어 끓이고 두유 300cc와 조개를 넣어 소금과 후추로 간한다.

[황금콤비 요구르트] 무가당 요구르트에 바나나와 키위를 넣고 콩가루와 꿀을 뿌린다.

휴일 아침식사는 카페풍으로. 산들바람이 기분 좋은 LDK(Living room+Dining Kitchen)나 테라스에서 먹는 아침식사는 하루를 행복하게 만들어준다.

MY STYLE | 부엌이 정리되면
요리가 즐거워진다

물건으로 가득한 공간에 진저리가 나던 무렵, 일을 끝내고 돌아와 서둘러 저녁식사 준비를 하다 보면 몸도 마음도 몹시 짜증스럽고 피곤했다. 하지만 지금은 차분하고 정돈된 공간에서 돌아올 가족을 위해 즐겁게 음식을 준비하는 키친으로 바뀌었다.

To eat is to live. 먹는 것이 곧 살아가는 것. 어머니의 영향으로 어릴 적부터 요리에 관심이 많았다. 하지만 너무 바빠 적당히 때울 때가 많았다. 지금은 아이가 성장기라 균형 잡힌 영양이 필요하고, 어머니가 그랬듯 내 아이에게도 음식의 소중함을 전해주고 싶다. 식재료는 까다롭게 선택하는 편이지만 재고 관리는 간단해졌다. 사용빈도가 적은 조미료는 적당히 대체하기 때문에 불필요한 것을 쌓아두는 일이 사라졌다.

우리집 키친은 거실과 경계선이 없어 키친에서 숙제를 하고 책을 읽고 소소한 이야기를 나눈다. 학교에서 생긴 일이나 친구 관계, 장래 희망 같은 이야기를 하다 보면 기쁨도 커지고 고민도 해결된다. 때로는 정성 가득한, 때로는 소박한 요리를 나눠 먹으며 심신의 에너지를 충전하는 장소.

보자마자 한눈에 반해버린 놋쇠형 검은 전등을 다이닝공간에 매치.
시선을 세로로 이끌면서 깔끔한 인상을 준다.

case 2

아이들도 쉽게 쓰는 심플한 키친

모든 물건이 가지런히 수납되도록 크기, 모듈을 참고하여 설계한 키친. 특별히 의식하지 않고도 저절로 정리가 된다.

다카야마 이치코

이 집은…

교토 거주
남편과 딸(중3), 아들(초3)의 4인 가족
단독주택 5룸 183.21m²
다이닝 키친 7.18m² 약 2평
팬트리 6.31m² 약 2평
지은 지 5년

우세한 뇌

인풋…우뇌 / 아웃풋…좌뇌

프로필

SMART-WORKS에서 일한다. 오랫동안 정리 문제로 고민했던 자신의 경험을 바탕으로 오거나이즈 기법을 적용해 기분 좋은 공간을 만드는 방법을 가르친다. 5명의 멤버와 함께 개인 주택에 거주하는 이들의 정리정돈을 돕고 있다.

사다리꼴 공간에 비스듬한 배치로 오픈형으로 꾸민 키친에는 주말이면 친척이나 친구들이 찾아와 시끌벅적한 풍경이 펼쳐진다.

테이블 위에는 인테리어와 잘 어울리는 작은 쓰레기통을 놓고 아이들에게 치우는 습관을 길러준다.

원래 정리가 서툴렀던 다카야마 이치코 씨. 지금은 수납 가구 감수까지 하고 있다.

상부장 문을 위로 열도록 설계. 열어놔도 문에 부딪힐 염려가 없어 안심이다. 오른쪽 수납장에는 아이들 손이 닿는 곳에 차와 시리얼을 수납.

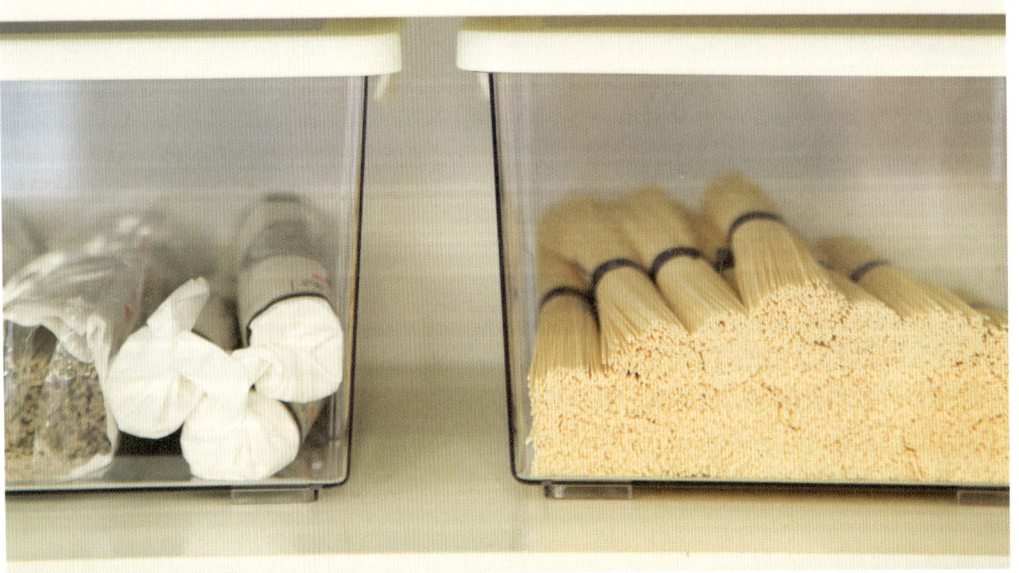

말린 식재료는 투명 밀폐용기에 넣어 수납하면 잘 보이고 잊어버리지 않아 재고 관리가 쉽다. 용기는 무인양품.

가장 간단하고 편하게,
누구라도 쉽게 사용하도록

'가족은 한솥밥을, 함께 먹어야 한다.' 다카야마 이치코 씨는 어린 시절 할머니가 해주던 이 말을 '식사'의 궁극적 의미로 삼고 있다. 어릴 적엔 이웃에 살던 사촌자매와 함께 밥을 먹었고 느닷없이 찾아온 손님도 적지 않아 집안이 늘 북적거렸다. 그 문화를 이어받아 지금도 주말에는 부모님, 자매, 사촌동생들과 그 자녀들까지 함께 식탁에 둘러앉는다.

그래서 부엌은 처음 쓰는 사람도 쉽게 사용할 수 있어야 한다. 다카야마 씨는 원래 정리에 서툴렀기 때문에 '가장 간단히' '가장 편하게'를 목표로 했다. 많은 시행착오를 거쳤지만 자신이 집에 없어도 가족 모두가 어려움 없이 사용할 수 있는 키친을 만들었다. 또한 '아이의 자립성을 키운다'는 목적도 있었다.

"키친을 쉽게 사용할 수 있도록 정돈했더니 아들이 간단한 달걀 요리를 만들기도 하고 딸이 친구들을 데려와 과자 만들기 대회를 열기도 한다. 그 모습을 보고 있으면 매우 뿌듯하다."

my favorites

왼쪽 위부터 시계방향으로 / 시보네 아오야마에서 구입한 OPUS 저장용기. 안이 비치기 때문에 다음 구입 시기를 예측할 수 있다. / 대형 주서기에 맞춰 변형이 가능한 수납장을 주문했다. / 빵을 담아두는 바구니. 항상 정해진 위치에 둔다. / 양철로 만든 알파벳 장식. 큼지막한 철제 바구니에 망으로 바닥과 간격을 띄워 과일바구니로 활용한다.

보통 큰 미닫이문을 연 채로 사용하는 식기장은 화이트와 블랙 식기로 정리하여 깔끔한 인상을 준다. 화이트 위주의 공간에 브라운과 블랙을 많이 사용하면 긴장감이 생겨 멋진 인테리어가 된다.

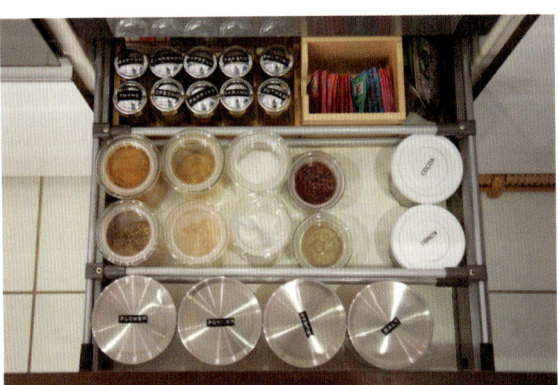

향신료·가루 종류는 같은 수납용기에 담아 기능적이고 깔끔하게. 투명한 용기에 라벨을 붙여 내용물을 한눈에 알 수 있게 한다. 앞 / viv 내열유리의 뚜껑 밀폐용기. 가운데 / KINTO CAST 유리 밀폐용기. 뒤 / 덜튼

수납 룰

rule 1
편안함
너무 꽉 짜인 완벽한 시스템은 질색

rule 2
정해진 자리에 관리
가족 누구라도 쉽게 수납

rule 3
물건의 양
재고 관리가 쉬운 적당량

봉지류는 박스에 대충 수납한다. 랩의 비축분은 한 통 정도가 적당.

전자레인지는 사용할 때만 문을 열어 쓰도록 설계. 전자레인지가 다소 낡았어도 걱정 없다.

아이들도 쉽게 도울 수 있는 8할 수납. 색과 형태를 맞추면 간단히 수납.

재활용품 전용 쓰레기통. 편의상 뚜껑은 떼고 사용한다.

뚝배기나 불판 등 대형 요리도구는 키친을 설계할 때 크기를 재고, 정해진 위치에 수납.

컵받침, 쟁반, 런천매트 등 손님이 왔을 때 필요한 것을 일괄 수납한다.

냄비는 손잡이를 자유로이 탈부착할 수 있는 크리스텔 제품을 애용. 손잡이가 없으면 장소를 덜 차지해 알차게 수납할 수 있다.

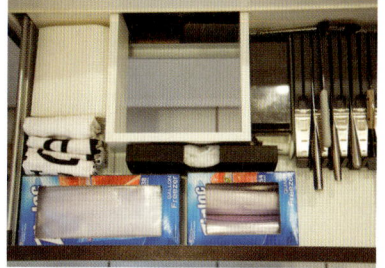

칼은 전용 수납도구에 꽂아 보관한다. 지퍼락, 행주 등을 함께 보관.

숟가락 젓가락 등은 KEYUCA의 소품 케이스를 이용해 구분해 넣는다.

storage

프라이팬과 냄비 뚜껑은 무인양품의 파일 박스를 이용하는데 넣고 꺼내기 쉽다.

멋진 수납의 관건은
재고 관리!

키친 옆 팬트리. 창고가 되지 않도록 눈에 보이는 면의 인테리어에 신경 썼다. 라벨이 붙어 있어 가족들도 쉽게 사용한다. 과자는 IKEA의 숫자 라벨을 사용해 관리한다. ① 먹고 남은 과자 ② 새 간식 ③ 안주거리로 나눠, 먹다 남기는 일이 없도록 했다.

"집안 살림도, 정리도 처음부터 잘했던 것은 아니다"라고 말하는 다카야마 씨. 따라서 누가 봐도 멋져 보이는 요소는 정리 의욕을 자극하는 중요한 조건이다.

팬트리는 자칫 창고로 전락하기 쉬워서 일부러 신경 써서 꾸미려고 노력했다. 보이는 부분은 깔끔하고 예쁘게, 보이지 않는 쪽은 다소 거칠어도 된다는 기준을 세웠다. 사소한 것까지 너무 철저히 하려고 하면 지치기 쉽기 때문에 이런 균형감이 중요하다. 보이는 인테리어는 고심하고, 수납으로 재고 관리가 가능하도록 했다.

"라벨은 내가 아니라 가족들이 원하는 물건을 쉽게 찾도록 하기 위해 붙였다."

storage 2

위 / 초등학생인 아이가 직접 만들어 먹는 컵라면이나 인스턴트 식품을 한꺼번에 수납. 옆 왼쪽 / 신발을 빨거나 반려견을 씻기는 장소. 청소용품도 모두 여기에. 옆 오른쪽 / 폐지나 잡지는 수납박스를 사용해 분리. 틈새 공간에 넣을 수 있어 편리(IKEA PLUGGIS).

가족이 알아보도록 라벨을 붙였다. 가장자리의 타원형 2단 오픈 바구니에는 유통기간이 정해져 있는 음식을 두고 관리한다.

아침에는 채소를 듬뿍 먹는다 다카야마 씨의 아침식사

[주먹밥] 밥, 김, 소금

[Jar 샐러드] 당근 1/2개, 무 1/4개, 오이 1개, 토마토 적당량을 1cm로 깍둑썰기하여 올리브오일, 비니거, 레몬즙, 간장, 소금, 후추로 버무린다.

[채소와 과일 스무디] 양배추 1/6, 토마토 1개, 소송채 1/2단, 사과 1개, 당근 1개, 오렌지 1/2개를 믹서로 간다.
*주먹밥에는 특별히 맛있는 소금을 사용한다.
*Jar 샐러드는 넉넉히 만들어 병에 보관한다.

아침은 스무디와 샐러드에 채소를 충분히 먹는 습관을 들였다. 단순한 주먹밥이지만 소금과 김은 좋은 걸 쓴다.

MY STYLE | 부엌은 마음의 바로미터, 가족을 향한 얼굴이다

워킹맘이라면 누구나 그렇겠지만 짧은 시간 동안 얼마나 효과적으로 건강한 음식을 만드는지가 매일의 과제다. 예컨대 시간에 쫓기는 아침시간에 채소와 과일을 먹을 수 있게 주스나 수프를 만들어두거나 반찬을 넉넉히 만들어 냉장 보관한다. 아무리 바빠도 영양 밸런스만은 양보할 수 없다. 물론 너무 피곤할 때는 밑반찬만 꺼내놓기도 하고 외식도 한다. 기를 쓰고 짜증을 참는 것보다 맘 편하게 지내는 게 나와 가족에게 좋기 때문이다. 단 '부엌의 너저분한 정도는 마음 상태를 알려주는 바로미터'다. 어지럽게 널려 있으면 마음의 여유가 없다는 증거다. 그럴 때는 일부러 천천히 요리를 하면서 생활을 돌아보고 기분을 전환한다.

최근 딸이 요리를 배우기 시작했다. 며칠 전에는 유명 이탈리안 셰프의 레시피에 도전해 맛있는 요리를 만들었다. 아들도 '누나가 만든 요리'라며 맛있게 먹었다. 나는 할머니가 자주 만들어주던 교토 요리를 엄마를 통해 전수받았는데, 이제 딸에게 전할 때가 된 건 아닐까. 가족과 함께하는 소중한 시간을 만들고 싶다.

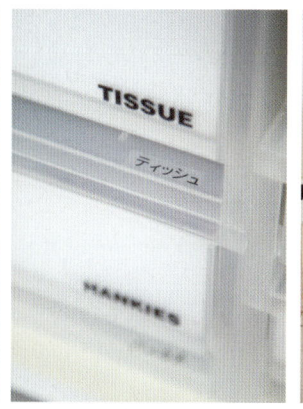

2층 방에 여러 번 오르내리지 않고도 학교나 학원 갈 준비를 할 수 있는 공간을 마련해 교복, 티슈, 안경 등 필수품을 보관한다. 라벨은 영어로 쓰여 있지만 위에서 봤을 때는 일본어가 보이는 구조다. 우편물 등 정해진 날짜가 있는 긴급한 것들은 검은 파일박스에 관리. 캘린더에는 부모의 귀가 시간을 적어둬 아이가 집에서 안심하고 기다릴 수 있게 했다.

까다롭게 타일을 골라 시공한 카운터, 물건이 다 보이는 오픈 수납장을 이용해 카페 느낌이 나는 기분 좋은 공간을 연출한 다이닝 키친.

case 3

카페 같은 키친

Mari Takeuchi

보고만 있어도 기분이 좋아지는 것으로 장식하는 게 원칙이다. 간단한 DIY도 자신 있다. 하얀색 수납장에 우드데크용 나무판자를 얹어 상판으로 사용.

다케우치 마리

이 집은…

도쿠시마 현 거주
딸(20세), 아들(18세)의 3인 가족
단독주택 5룸 140m²
키친 10.8m² 약 3평
지은 지 9년

우세한 뇌

인풋…우뇌 / 아웃풋…좌뇌

청결해 보이는 화이트 키친. 바닥은 오염에 강한 대형 타일을 선택해 유지 관리가 수월하게 했다. 칠판은 벽에 붙이는 시트 타입.

어릴 적부터 방 꾸미기가 취미일 만큼 인테리어만 생각하면 견딜 수 없이 즐 겁다. 예쁜 그림엽서 디스 플레이.

인테리어 코디네이터로서 청 소 달인으로 불리는 다케우치 마리 씨.

프로필

라이프 오거나이즈 스튜디오 '에크루 플 러스'에서 일한다. 현재는 '도쿠시마 정 리 실험실'이라는 팀으로 활동하고 있 다. 수납, 가사 동선, 인테리어 등 집 꾸 미기와 관련해 고객 상담과 지원에 힘을 쏟고 있다.

좋아하는 물건만 보이도록 수납. 흰색 소품이 돋보이도록 뒤쪽에 색깔 있는 것을 두거나 실버 포인트나 카드를 장식하면 놀이 감각도 살아난다. 물건의 위치는 사용빈도로 결정.

오랜 경험이 집약된
느낌 있는 인테리어

방 꾸미기를 좋아했던 어린 시절부터 지금까지 인테리어에 유독 관심이 많은 다케우치 마리 씨. 거실부터 부엌까지 하나하나 정성껏 고른 물건으로 멋스럽게 공간을 꾸미는 일은 언제나 즐겁다. 뒷마당도 깔끔하다.

이렇게 되기까지 우여곡절이 많았다. 20대는 육아로 하루가 어떻게 가는지 모를 만큼 바쁘게 지냈다. 본격적으로 인테리어를 공부한 것은 아이가 초등학교에 가면서다. 인테리어 공부를 하면서 평소 집청소를 자주 했던 경험이 도움이 됐다. 물건이 정리되지 않으면 아무리 청소를 해도 깔끔한 생활이 되지 않기 때문이다.

이후 건축사무소에 들어가 열망하던 인테리어 코디네이터 겸 설계사로 일했는데, 방문을 하지 못하고 상담할 경우 고객의 집에 있는 물건 양을 파악하지 못해 불필요한 공간을 만들기도 했다. 그녀의 집 또한 겉보기와 달리 쓸데없는 물건이 잔뜩 숨겨져 있어 하나를 찾으려 해도 여기저기 들춰야 했다. 그때 마침 라이프 오거나이저의 도움을 받으면서 집 정리에 성공했다. 드디어 자신이 정말 좋아하는 일, 중요하다고 여기는 것을 집에 구현한 것.

가스레인지 옆쪽 타일은 '나고야 모자이크' 제품. 세제로 가끔 닦는 청소로도 오염이 눈에 띄지 않아 좋다. 후드에 프라이팬을 걸어서 수납.

조리에 사용하는 간장과 오일은 도자기 포트에 옮겨 담는다. 사각 쟁반은 액체가 흘러 더러워지는 것을 방지. 자주 사용하는 조리도구는 밖에 꺼내놓는다. / 벽걸이는 IDEE 제품. 마 소재의 자루에는 페트병 뚜껑을 담는다.

사용하지 않는 냄비나 조리도구, 유통기한이 지난 식품을 버리자 공간에 여유가 생기고 관리도 편해졌다. 직업으로서 라이프 오거나이저로도 첫걸음을 내딛었다.
"지금까지 모든 경험이 하나로 연결되는 것 같다. 비록 시간은 걸렸지만 의미 있는 시작이다. 주거와 정리로 고민하는 사람들에게 깊이 있는 관점으로 도와주는 사람이 되고 싶다."
카페를 연상시키는 그녀의 다이닝 키친에는 함께 일하는 지인들이 자주 모인다.

my favorites

손님이 자주, 많이 오는 편이라 유리잔은 꺼내놓는다. 트레이에 담아 깔끔하게 수납. / 설탕은 유리병에 넣어 뒤쪽 카운터에. 보충해 넣은 설탕 색이 달라 예쁜 층을 이뤘다.

쌀 보관법. 10년 넘게 사용하고 있는 덜튼의 쓰레 기통에 넣어 뒤쪽에.

냉장고 옆 공간에 철제 수납장을 넣고 바구니에 채소를. 그 아랫단에는 고양이 사료를 놓아둔다.

식기장에는 자주 사용하는 식기만 수납한다. 평평 한 접시는 안쪽에 와이어 선반을 배치하고 2층으 로 사용한다.

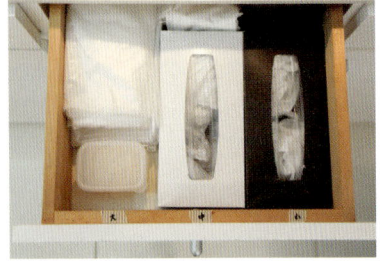
비닐봉지는 들뜨고 가벼워 보관이 불편하다. 티슈 박스에 사이즈별로 작게 말아 쏙 집어넣는다.

지퍼락은 잘 씻은 다음 냉장고 뒤에 자석으로 붙여 건조한다. 냉장고 열기로 잘 마른다.

수납서랍은 나무 소재 바구니로. 여유 있는 배치로 마음이 편안해진다.

가스레인지 하부장에는 자주 사용하는 냄비만 엄 선해 수납. 비슷한 크기끼리 겹쳐 제위치에.

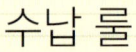
쓰레기를 싸는 데 필요한 신문지는 싱크대 가장 뒤쪽 서랍이 제위치. 안쪽에는 가끔 싱크대에서 사용하는 칼갈이 연석을 수납.

재활용 쓰레기 분류 전용 공간. 유리, 플라스틱, 건 전지 등.

음식쓰레기와 비닐쓰레기는 싱크대 아래에. 싱크 대에서 직접 넣을 수 있고, 보기에도 깔끔하다.

수납 룰

rule 1
정해진 위치에 놓는다
장소를 정해두면 헤매지 않는다

rule 2
8할 수납
2할의 여유가 있으면
마음도 여유로워진다

rule 3
보이는 것과 보이지 않는 것을 나눈다
보이는 것은 엄선한다
균형이 중요

storage

非常食

トマト缶　ツナ缶　ケチャップ・マヨネーズ　味噌　ドレッシング　コンソメ　乾物　粉末調味料　カレールー

ラーメン　パスタ　ホットケーキミックス　粉物　砂糖・塩　乾物・だし

ラップ　ストロー　わりばし　ドリンク

ごみ袋　キッチンペーパー

식료품 보관 창고의 내부. 과거엔 안쪽에 넣어둔 물건이 보이지 않아 버리는 경우가 많았다. 지금은 편의점 진열처럼 앞쪽에 진열해 잘 보이도록 했다. 안쪽에는 아무것도 두지 않지만 간혹 손님용 식기를 놓기도 한다. 보충할 식품이 생긴 경우 뒤쪽으로 보낸다. 크게 '식료품' '조미료' '탄수화물' '음료' '생활잡화'로 단을 나누고, 다시 단 앞쪽에 라벨을 붙여 재고 관리가 일목요연하다. 불필요한 물건을 사지 않게 되고 유통기한이 지나서 버리는 식품도 없다.

직접 만든 빵으로 카페 스타일 즐기기 다케우치 씨의 아침식사

[오픈 샌드위치(3인분)] ① 빵에 겨자 소스와 마요네즈를 섞은 소스를 바른 다. ② 적당히 잘라 살짝 데친 연근과 브로콜리 적당량, 삶은 달걀 1개, 소시 지 2개를 3등분하여 빵에 얹고 치즈를 적당량 얹어 토스터로 굽는다.

[미네스트로네(3인분)] 감자, 양파, 피 망, 토마토 각 1개, 당근 1/2개를 깍둑 썰기하고 올리브오일에 가볍게 볶은 후 여기에 홀토마토 1캔, 콘소메수프 3컵을 넣어 끓이면 완성. 여기에 소금, 후추로 맛을 낸다.

빵 접시는 아라비아 '파라티시', 유리잔은 이딸라의 카르티오 레인블루, 갈색 컵은 버즈워즈의 상품. 좋아하는 식기들이다.

MY STYLE | 사람들이 모이는 공간, 자신도 소홀할 수 없다

아이가 어릴 적엔 집에 사람들이 많이 모여 마치 집합소 같았다. 그래서인지 바쁜 육아 기간을 넘기고 나만의 위한 생활공간을 어떻게 디자인할지 고민할 때 '사람이 모이는 키친'을 착안했다. 가족뿐 아니라 친구, 손님, 업무와 관련된 지인들에게 우리집 키친이 마치 '단골 카페'처럼 느껴지면 좋겠다는 생각에서다. 가볍게 오가고 편안한 마음으로 지내는 공간이길 바랐다. 찻잔이나 접시가 충분하진 않지만 총동원해도 어딘가 통일감이 느껴지는 것이면 좋다. 언젠가는 맘에 쏙 드는 것으로 갖추기 위해 물건 선택에 신중을 기하고 있다. 라이프 오거나이저가 되어 '정돈된 시스템을 분별할 수 있는 입장'이 되면서 다시금 물건을 어떤 식으로 소유해야 할지, 수납은 어떻게 해야 하는지 진지하게 생각하고 있다. 흥미와 연구는 끝이 없다. 문제는 일에 너무 열중한 나머지 자신의 식사는 소홀해지기 쉽다는 점. 아이와 함께 있을 때는 만두나 오므라이스를 만들어 먹고, 사람들이 모이는 날에는 요리에 더 정성을 기울인다. 앞으로 꿈을 이루고 여유로운 생활을 하기 위해서라도 좋은 것을 찾아 먹을 생각이다.

기분 좋은 거실. 중앙 테이블은 2단 컬러박스에 나무판자를 얹었다. 소파 주위에 흩어져 있는 물건을 2단에 나눠 수납할 수 있어 일석이조. 텔레비전 받침대도 나무판자와 벽돌로 만들었다. 바퀴를 단 갈색 상자에는 가족용 놀이용품을 넣었다.

개수대에서 식기장까지의 짧은 동선을 비롯해
사이즈, 레이아웃 등 한구석도 낭비 없이 활용
하는 알찬 키친이다.

case 4

워킹맘을 위한 효율적 키친

Reina Kurita

룸스프레이 방향제 등 눈에 보이는 물건은 기능성과 함께 디자인도 중요하다. 알록달록한 색깔의 간식도 멋스러운 케이스에 담으면 깔끔하다.

구리타 레이나

태양빛이 가득 들어오는 산뜻한 거실 겸 키친. 수납장에는 구리타 씨가 좋아하는 작가가 만든 식기를 수납, 손님이 찾아왔을 때 사용한다.

이 집은…

오사카 거주
남편과 아들(초6)의 3인 가족
맨션 3룸 97m²
키친 6m² 약 2평
지은 지 12년

우세한 뇌

인풋…우뇌 / 아웃풋…좌뇌

커트러리는 입에 닿았을 때 느낌이 좋은 나무 재질을 쓴다. 늘 테이블 위에 꺼내놓고 사용하는데, 보기에도 좋지만 바짝 말릴 수 있고 식사 때 쉽게 꺼내 사용할 수 있다.

요리는 물론 조리도구와 식기를 좋아하는 구리타 레이나 씨. 물건을 선별하는 기준이 명확하다.

프로필

주택 관련 회사에 근무. 아기 때부터 알레르기가 심한 아들 때문에 생활 습관을 바꿔볼 요량으로 생활 개선에 돌입했다. 제한된 시간에 만들 수 있는 '간편하면서도 양질의 맛있는' 식생활을 중요하게 여긴다.

가족 건강도 챙기고
요리하는 즐거움도 되찾다

테이블 위에는 커피와 차 도구를. 키친페이퍼, 커팅 보드, 바구니(생강 보관용), 채칼 등은 색이나 소재를 구별하여 걸었다. 오른쪽 끝에 있는 alfi 포트는 마음에 든 호텔에서 사용한 것과 비슷해 구매한 추억의 물건.

위의 바와 고리에는 아직 사용 중인 지퍼락을 씻어 말린다. 부엌칼 두는 곳은 에바솔로의 스탠드 타입을 애용. / 쓰레기 정리 코너. 맨 위의 종이봉투는 캔이나 병을 씻어 말리는 공간 (앞쪽 봉투는 상온에서 보관하는 뿌리채소). 더러워지면 교환한다. 서랍 1, 2단에는 쓰레기 봉투, 3단에는 우유팩(때때로 학교에서 필요로 한다)이나 신문지, 4단에는 말린 캔이나 병을 넣는 용도로 사용.

"아이가 어릴 때 매우 힘들었다"고 말하는 구리타 레이나 씨는 그때나 지금이나 워킹맘이다. 달걀 알레르기로 인한 가려움증을 가진 아이와 함께 밤을 꼬박 새울 때도 많아 철저히 제거식

my favorites

을 하고 첨가물에도 주의를 기울여야 했기 때문에 요리를 즐길 여유가 없었다. 고민 끝에 시간제로 근무 형태를 바꾸고 여유를 찾기 위해 노력했다. 그 첫 단계로 손을 댄 곳이 부엌이다. '몸을 만드는 것은 식사다. 가족이 건강한, 편리하고 정돈된 부엌 시스템'을 만들기로 결심했다. 그렇게 조금씩 부엌을 개선하다 보니 어느새 살림이 편해지고 손쉽게 요리를 할 수 있게 됐다. "키친을 주부의 고단한 장소가 아닌 즐거운 장소로 만들고 싶었다"는 구리타 씨는 원래는 요리를 좋아한다. 다만 그동안 너무 바빠 요리할 엄두를 내지 못했다. 지금은 효율적인 시스템을 만들고 디자인이 훌륭한 조리도구를 모으면서 요리를 무척 즐기고 있다. 아들도 이제 익힌 달걀을 먹을 수 있을 만큼 성장했다. 꾸준히 개선해온 키친 덕분에 일과 가족, 행복한 웃음과 건강을 선물받았다.

바퀴가 달린 서랍장은 손님이 왔을 때 이동시켜 테이블에 붙여서 사용한다. / 구석에 처박혀 있던 프랑스제 은색 가방엔 플라스틱 쓰레기를 넣는다. 튼튼한 알루미늄 제품. 쓰레기통(과 냄새)이 싫어서 찾던 중 인터넷에서 우연히 발견. 30리터의 쓰레기봉지가 쏙 들어간다. 이동도 편하고 공간을 절약할 수 있다는 점도 장점.

수납 룰

rule 1
누구나 찾을 수 있게
가족 모두가 사용하기 쉽도록

rule 2
대충 수납해도 OK
꼭 칸막이를 하지 않아도 멋이 난다

rule 3
야무지지 않아도 보기에 Good
나무 소재, 브라운 계열로 정리해 차분하고
편안해 보인다

상부장 수납. 비교적 사용빈도가 낮은 것을 소재별로 수납했다. 오븐레인지 위라서 오븐용 플레이트도 여기에. 동그란 법랑에는 직접 만든 된장을 보관한다.

OXO 밀폐용기에 가루나 말린 식재료를 수납. 원터치로 개폐가 가능하다는 점과 뛰어난 디자인 때문에 좋아하는 물건. 시각적 효과를 위해 라벨은 방수 시트에 직접 디자인해 프린트했다. 누구라도 알기 쉽도록 일본어와 영어를 함께 표기.

컵과 자주 쓰는 식기를 함께 수납.

아라비아 블랙파라티시 위주의 그릇 수납.

자잘한 것들은 소재별로 수납. 열었을 때 좋아하는 물건이 가지런히 놓여 있어 기분이 좋아진다.

하부장. 겹쳐 넣을 수 있는 크리스텔의 냄비를 애용. 뚜껑은 나무로 만든 편지꽂이에 모아 세운다.

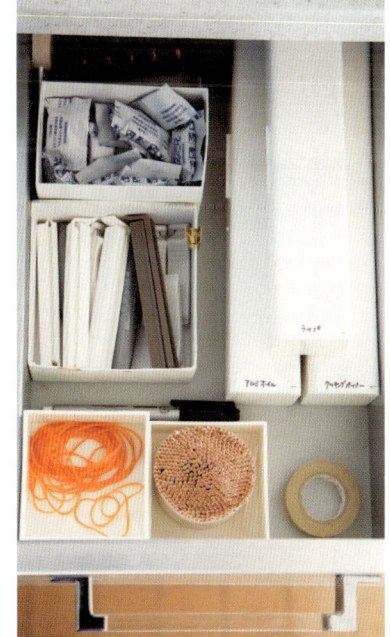

소모품들. 랩은 무인양품 케이스에. 고무밴드와 이쑤시개는 KEYUCA. 나머지는 흰 빈 상자에.

향신료는 디자인이 무난하고 구하기 쉬운 GABAN 제품.

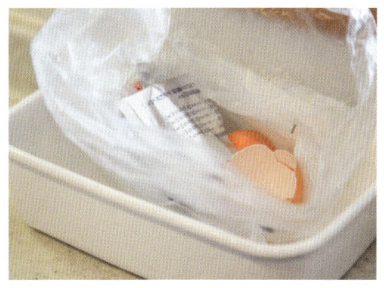

깨끗해 보이는 법랑을 좋아한다. 이 안에 비닐봉지를 넣어두고 음식쓰레기를 버린다.

싱크대 아래. 색으로 구별해 수납. 칸막이는 무인양품 제품.

식기세척기 아래. 법랑 용기를 수납. 문 앞쪽에 플라스틱 통을 둬 뚜껑만 따로 수납.

가스레인지에서 그대로 식탁으로 구리타 씨의 아침식사

[토기로 지은 밥] 쌀을 불려 토기로 밥을 짓는다. 9분 30초 정도 센불로 가열한 뒤에 약불에 3분 정도 끓인다. 이후 14분 뜸을 들이면 완성.

[된장국] ① 맛국물(멸치와 다시마로 우린 국물)을 데우고 두부, 미역, 버섯 등의 건더기를 넣고 된장을 국자로 떠 그대로 담가둔다. ② 된장이 부드러워지면 풀어 완성한다.

[소시지와 채소볶음] 작은 무쇠 프라이팬을 달군 뒤 약간의 기름을 넣고 소시지, 껍질콩 등 제철채소를 넣고 잘 굽는다. 소금, 후추를 더하면 완성. 프라이팬째 식탁에 올린다.

보통은 밥을 먹지만 가끔 빵을 먹는다. 밥은 전기밥솥을 사용하지 않고 토기를 이용한다. 소시지와 제철채소는 밥은 물론 빵과도 궁합이 잘 맞는다.

토기는 나가타니엔의 '가마도산', 미니 프라이팬은 '스타우브'. 기능과 디자인을 모두 충족하는 도구를 쓰면 바쁠 때도 번거롭지 않게 식탁을 차릴 수 있고, 멋과 맛을 더하므로 애용한다.

MY STYLE │ 키친이 정리되면 일과 생활의 만족도 업!

지금은 알레르기가 있는 아들도 먹을 수 있는 요리가 늘고 밤에도 잠을 잘 잔다. 정말 고맙고 행복하다. 평일에는 일을 해야 하니 저녁식사 준비를 고민할 여유가 없어서 월요일에는 볶음밥 종류, 화요일에는 생선구이, 수요일에는 육식 중심의 양식 혹은 볶음요리, 목요일에는 덮밥류, 금요일에는 냉장고에 남은 재료로 오므라이스를 만들어 먹는다. 평소에도 이 기준에 맞춰 장을 본다. 물론 이것만도 쉽지 않지만 부엌이 깔끔하게 정돈, 관리되는 넉넉함에 누릴 수 있는 쾌적함 중 하나다. 남편과 집안일을 도와주는 시어머니가 물건을 쉽게 찾을 수 있도록 의식적으로 정리하고 있어 도움도 쉽게 받을 수 있다. 또한 아들도 쉽게 물건을 찾을 수 있도록 낮은 위치에 식기를 두어 친구가 놀러왔을 때 스스로 대접할 수 있게 했다.

이렇게 키친을 정비한 후부터 일에 더욱 집중할 수 있게 되었다. 대충 때웠던 식사와 작별했고 주방용품도 하나하나 엄선해 고른 덕분에 보기만 해도 기분이 좋아지는 그릇이 늘고 있다. 내게 부엌을 정리하는 행위는 곧 '매일매일을 행복하게 지내는 생활'이다.

거실에서 보이는 다이닝 키친. 가급적 물건을 두지 않으며, 이곳에 놓인
물건은 모두 보기만 해도 기분이 좋아지는 것들.

case 5
좋아하는 것들로 채운 개성파 키친

맞벌이 부부로 고베와 도쿄를 시작으로 뉴욕, 치바, 호치민을 거쳐 현재는 다시 도쿄에서 살고 있다. 깨끗한 '기'가 완만히 흐르는 리빙 다이닝.

요가강사이기도 한 기무라 마리 씨. 둥근 거울은 호치민에서 구입한 대나무 세공품. 뉴욕 길거리에서 구한 와인 케이스는 소파용 티테이블로 쓰는데 안에는 티슈박스, 쟁반, 리모컨을 수납.

Mari Kimura

생활공간이 바뀌어도 키친만은 늘 청결히 하고 싶다. 가족의 건강을 지키고 맛있는 식사를 즐기는 쾌적한 곳.

기무라 마리

이 집은…
도쿄도 거주
남편과 딸(고3)의 3인 가족
사택 3룸 80m²
키친 7.41m² 약 2평
지은 지 15년

우세한 뇌
인풋…우뇌 / 아웃풋…우뇌

프로필
도쿄에서 organize it all을 운영하며 정리+공간 개조 서비스를 한다. 뉴욕에서 7년 반, 호치민에서 2년 반 살았다. 일본에서는 건축설계사로 15년간 일했다. 중요하게 생각하는 것은 '마음, 공간, 몸'이다.

my favorites

자주 사용하는 물건은 키친 선반에 꺼내놓는다.
쟁반과 런천매트는 전자레인지 옆에 세워서 수
납. 흰 헝겊가방에는 쓰레기봉투용 비닐을 수납.

'소유'의 기준을 정하면 생활이 심플해진다

자전거로 출퇴근하는 남편과 뉴욕에서 7년 반, 호치민에서 2년 반 등 외국생활을 포함해 다섯 번이나 이사했던 기무라 마리 씨. 거품경제로 호황을 누리던 시기 고베, 도쿄에서 살았으며, 뉴욕에서는 대형 오븐그릴, 빌트인 식기세척기까지 갖춘 생활을 했다. 호치민에서는 가사도우미와 운전사를 둔 호화생활을 했다.

이런 다양한 환경에서 살아본 후 내린 결론은 '심플하고 여유로운 생활이 최고'라는 것. 기무라 씨의 하루는 고요한 아침 명상으로 시작된다. 그래서인지 집에는 정갈한 기운이 흐르는 것 같다. "지금까지 살았던 곳들에 모두 만족했던 건 아니다. 하지만 없는 것을 가지려 하기보단 주어진 환경에서 최고를 선택하려고 했다. 내 기준으로 고른 것들을 이렇게 저렇게 궁리하는 과정이 즐겁고, 더 안락한 생활을 할 수 있게 됐다." 기무라 씨의 부엌에는 수차례 이사에도 버리지 않고 지켜온 애착 어린 물건들이 깔끔하게 놓여 있다.

왼쪽 위부터 시계방향으로 / 뉴욕 빈티지 법랑에는 뿌리채소와 과일을 담고 르크루제 수프냄비에는 쌀을 보관. / 뉴욕 빈티지 쟁반에 아침식사용 수프세트(컵 & 향신료 & 건포도). 보이는 곳에 세트로 있어 매일 아침 준비가 간편하다. / 양철통 안에는 통조림, 파스타 등 비축 식품을 보관. / 바구니에 와인 같은 알코올류, 건과일을 담아둔다. 바구니 하나는 비워두고 선물받은 물건 등을 잠깐 수납하는 공간으로 사용한다.

좋아하는 물건을 한데 모아놓은 휴식공간. 뉴욕에 살 때 모은 책들은 커버를 벗겨 진열. 책꽂이 끝에는 호치민에서 산 아로마 팟과 캐나다 지인이 만들어준 물병 세트를 두었다. 뉴욕에서 구입한 빈티지 사진액자엔 추억이 깃든 가족 사진. 마음에 드는 물건은 묵히지 않고 여러모로 사용한다.

my favorites

소중한 추억이 깃든 물건은
적극적으로 활용한다

뉴욕에서 구입한 빈티지 접시. 처음엔 주먹밥을 담다가 중간엔 칫솔을, 지금은 식탁 위 조미료 세트를 담아두는 용도로 쓴다. 하나씩 사 모은 조미료통의 공통점은 투명유리라는 점인데 디자인은 조금씩 다르지만 좋아하는 것들이라 매일 보는 것만으로도 즐겁다.

왼쪽 위부터 시계방향으로 / 호치민을 떠날 때 친구에게 받은 코스터. / 초록색 접시는 친구에게 받은 결혼 선물. 파란 그림은 뉴욕 티파니, 분홍색 꽃무늬
와 유리는 뉴욕의 빈티지, 대나무 접시는 호치민의 대나무 제품. / 신혼여행을 갔던 파리에서 구입한 어린왕자 접시. 에그 스탠드는 캐나다 작가의 작품. /
쟁반은 말레이시아에서 구입한 것(작은 것)과 모로코인과 결혼한 친구에게 받은 선물.

캐비닛 상부장. 식기장은 따로 없고 이 캐비닛에 수납할 수 있는 양만 보유한다. 문을 열면 모든 것이 보인다. 사용하지 않는 식기는 단 하나도 없다. 문을 열고 한 번에 꺼내고 넣을 수 있다는 점이 가장 좋다.

수납 룰

rule 1
간단할 것
손쉽게 사용하고, 손쉽게 제자리로

rule 2
얼핏 보고도 알 것
문을 열면 모든 게 보이도록

rule 3
눈에 띄기 쉬울 것
자주 사용하는 것만을 여유롭게 배치

위부터 / 가스레인지 아래. 밥솥으로 사용하는 대중소 르크루제(18년간 전기밥솥 없이 지내고 있다). 목제 도구는 푸른빛이 감도는 화병에. / 싱크대 아래에는 큰 접시나 짝이 맞지 않는 것을 여유롭게 수납. 항상 꽃을 장식하기 때문에 꽃병은 여러 가지.

가스레인지 옆. 자주 사용하는 조미료를 유리용기에 덜어 쓴다. 용기가 맘에 들어 쓸 때마다 즐겁다.

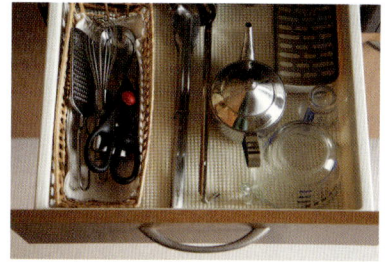

키친도구(나무 재질 외)는 이것이 전부다. 매일 이 모두를 쓰며 색깔은 실버 & 블랙, 회색으로 통일.

매일 마시는 커피 코너는 가스레인지 가까이에 둬 물을 끓이거나 꺼내기 쉽다.

싱크대 옆. 자주 사용하는 도마를 앞쪽에, 이따금 사용하는 소쿠리는 안쪽에.

딸이 어린 시절에 만들어준 찻잔과 보스턴, 뉴질랜드 등에서 발견한 컵들.

티백 등 자잘한 물건은 작고 튼튼한 종이봉지를 이용, 구획을 지어 한눈에 알아보기 쉽게.

storage

쓰레기는 손잡이가 있는 작은 양철통에 버린다. 가득 차면 실외에 있는 큰 양철통으로 옮긴다.

사용한 행주는 유리 꽃병에 넣어놨다가 매일 밤 빤다. 세제는 유일하게 사용하는 것으로 프랑스 제품.

싱크대 아래. 안쪽엔 쓰레기봉지와 지퍼백을, 앞엔 매일 쓰는 청소도구인 걸레와 중탄산소다를 수납.

아유르베다로 몸에 좋은 아침 기무라 씨의 아침식사

[채소수프(3인분)] ① 집에 있는 채소 3~4종류와 생강 한 조각을 적당히 썬다. ② 다시마물을 수프 컵으로 3컵 정도 냄비에 붓고 채소가 부드럽게 익을 때까지 끓인다. ③ 소금, 후추, 발사믹 식초, 육두구, 쿠민 등 기호대로 맛을 더한다.

[익힌 사과(3인분)] ① 사과 1개를 껍질째 그대로 잘라서 약간의 건포도와 함께 물을 자작하게 붓고 뚜껑을 덮고 끓인다. ②

물이 졸면 물기를 날리고 계피가루를 뿌린다.

[자른 과일, 녹차오레, 바게트, 치즈]

*아유르베다를 도입하여 매일 생강을 넣은 채소수프와 익힌 사과(제철)를 먹는다.

집에 있는 식재료를 이용한 간단 조리로 보기만 해도 건강해지는 것 같다. 휴일에는 세 끼 다 베란다에서 먹을 만큼 야외를 좋아한다.

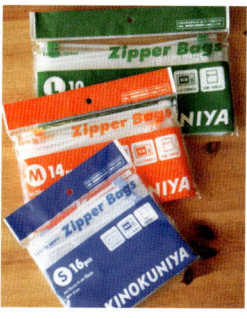

냉장고, 냉동고의 식품 보존은 지퍼백을 사용한다. 손쉽게 사용할 수 있는 크기의 기노쿠니야 슬라이드 지퍼백. 대중소 사이즈.

바깥 공기를 만끽하며 살고 싶다. 실외에서 사용하는 목제 캐비닛은 딸이 어릴 적 썼던 소꿉놀이용 부엌. 항상 사랑스러운 것들에 둘러싸여 지낼 수 있도록 아이디어를 생각한다.

냉장고에 늘 준비해두는 다시마 우린 물. 국 끓일 때 꼭 필요하다. 남은 다시마는 삶아 낸다. 집에서 담근 피클, 매실절임도 유리 밀폐용기에 넣어 냉장고에 보관.

MY STYLE | 한 끼를 먹더라도 제대로 잘 먹는다

맞벌이 시절엔 외식이 잦았고 간단요리를 즐겨 만들었으며 딸이 태어난 뉴욕에선 햄버거, 닭강정 같은 요리를 주로 했다. 치바에선 안전식품 위주의 균형 잡힌 식사를 중시했으며, 호치민에서는 집에 있는 식재료를 이용한 요리를 선호했다. 지금은 형식에 얽매이지 않고, 나가서 맛있는 걸 사먹기도 하고 재료의 기본맛을 살린 요리에도 관심이 많다. 주말에는 남편이 파스타를 만들고 딸아이가 설거지를 돕는다. 나는 무리하지 않는 범위 내에서 제철 식재료를 이용해 가족의 체질에 맞는 음식을 만들어주려고 노력한다. 항상 염두에 두는 건 '한 끼를 먹더라도 제대로 잘 먹자'. 공복을 때우는 끼니가 아니라 맛있고 즐거운 식탁이 중요하다. 집에 친구들이 찾아와도 평소 즐겨 하는 요리를 예쁜 식기에 담아 먹을 때 행복감을 느낀다. 물론 혼자 여유롭게 식사하는 것도 좋아한다. 그럴 때마다 몸이 원하는 것을 맘껏 먹을 수 있다는 사실에 감사한다. 최근에는 기운을 북돋는 음식에서 흥미와 감동을 얻는다.

물건이 밖에 나와 있지 않은 수납으로 청소가 쉽다. 식기장과 냉장고가 일직선으로 배치되도록 설계하여 버리는 공간을 없앴다. 싱크대와 식기장 사이 폭은 89cm. 매트는 깔지 않았다.

case 6

기능성을 최우선시한 여유로운 키친

Akeme Kawasaki

기능성을 최우선으로 했다. 식기장은 미닫이라 동선을 방해하지 않는다. 요리할 때 볼을 자주 사용하기 때문에 오른쪽 문은 열어둔 채 사용한다.

가와사키 아케미

식탁에서 바라본 주방이 뽐내듯 한눈에 들어온다. 우윳빛 전등은 부드러운 분위기를 연출한다.

이 집은…
도쿄도 거주
남편과 아들 넷(대2, 고3, 고1, 초5)의
6인 가족
단독주택 2룸 101m²
키친 6.07m² 약 2평
지은 지 4년

우세한 뇌
인풋…좌뇌 / 아웃풋…좌뇌

정돈과 배치가 쉬워진 카운터. 일주일에 한 번은 남편이 요리하고 아이들도 간단한 요리를 할 수 있게 했다. 남자도 부엌에 익숙해져야 한다고 생각.

무리하지 않으면서도 기능성이 살아 있는 부엌을 가진 후 요리도, 정리도 즐거워졌다는 가와사키 아케미 씨.

프로필
도쿄 하치오지에 있는 Prime Life에서 일한다. 자택에서 하는 수납 강의는 뛰어난 센스로 호평을 얻고 있다. 특히 엄마에게 좋고 가족의 성장에 맞춘 정리법과 수납설계를 제안하고 있다.

부엌 구조가 쉬워지면
남자도 부엌에 들어온다

식기장 왼쪽에는 차 세트나 건강식품, 사용빈도가 낮은 커트러리를 배치. 가장 위 선반에는 결혼 기념으로 받은 추억의 물건.

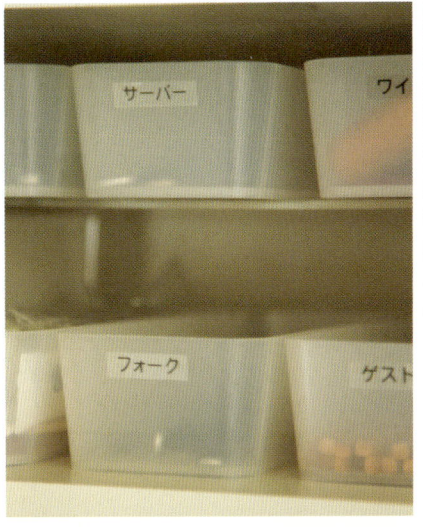

my favorites

"일주일에 한 번 이상 남편이 요리를 하고 아들들도 스스로 고기를 굽거나 라면을 끓여 먹는다"고 하는 가와사키 아케미 씨의 키친은 믿을 수 없을 만큼 아름다웠다. 하지만 예전엔 전혀 달랐다. 독감에 걸려 며칠을 몸져누워 있을 때도 남편은 "간장 어디에 있어?" "설탕은?" "냄비는?" 하고 불러댔다. 몸이 부서질 것 같아도 주방에 가야 했다. 정리정돈과 집안일이 맘대로 되지 않아 생긴 짜증을 아이들에게 푼 적도 한두 번이 아니다.

어느 날 '내게 필요한 것은 마음의 여유'임을 깨닫고 '다섯 남자와 살려면 남자도 요리하는 주방을 만들어야겠다'고 결심했다. 누구라도 물건을 쉽게 찾을 수 있고 사용하기 쉬운 효율적인 부엌을 만들기 시작했다. 이동하지 않고 몸을 숙였다 펴는 동작만으로 되는 배치와 수납, 제자리 관리와 라벨링 등을 철저하게 지킨 결과 그토록 원하던 '여유와 자유'를 얻었다. 이전보다 몇 배는 더 효율적인 공간이 돼 정리정돈도 편해졌다. 무엇보다 생활을 즐길 수 있게 됐다. '나도 좋지만 남자들이 스스로 들어오는 부엌'을 갖게 되어 더 기쁘다고 말한다.

가족이 사용하는 물통을 수납하는 공간. 무인양품 3단 서랍장의 서랍을 꺼내고 틀만 사용해 물통을 수납. 뚜껑은 옆 바구니에 따로 수납해 패킹에 곰팡이가 생기는 것을 막는다. 물통 커버도 다른 바구니에 따로 수납.

수납 룰

rule 1

한 손으로 꺼낸다

한 손으로 들 수 있는 무게와
수납 방법으로 스트레스 제로

rule 2

공간을 절약한다

사용하는 것만을 엄선하고
비축도 소량으로

rule 3

라벨링

'그거 어디에 있더라?'
물건 찾기는 이제 그만!

storage

물통 뚜껑은 따로 수납하
고 이온음료 분말도 물통
근처에 둔다. 함께 두면
관리가 쉬워져서 초등학
생인 넷째아들도 스스로
음료를 만들어 외출한다.

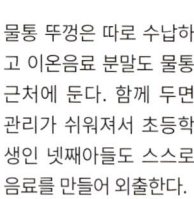

싱크대 아래. 개수대 부근에 두고 편리하게 사용할 것들만 수납. 자주 사용하는 젓가락이나 스푼도 수저통에 꽂아 한 손으로 간단히 꺼낼 수 있다.

인덕션 히터 아래에는 특별히 좋아하는 머그컵과 손님용 컵을 수납. 주전자도 여기에 둬 위가 깔끔하다.

쌀, 소다스트림, 말린 식자재, 파스타 등. 왼쪽 아래는 선물받은 것을 넣어두는 공간.

왼쪽은 통조림, 레토르트 식품 등. 오른쪽은 비축분의 쌀과 잡곡류. 비축분은 최소한으로.

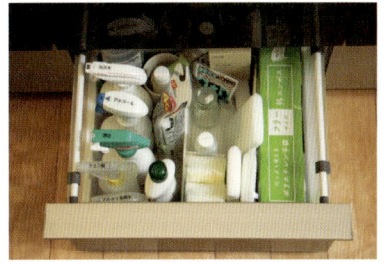

청소도구와 세제류. 세제는 스프레이식을 사용하여 뚜껑을 열고 닫는 수고를 없앴다. 기능적이라 사용할 때마다 즐겁다.

설계 단계부터 쓰레기통 뚜껑이 손쉽게 열리도록 커트러리 서랍을 없앴다. 쓰레기봉지는 압축봉에 걸어둔다.

인덕션 히터 옆에는 조미료를 수납. 동일한 용기에 넣어 교체하면 마음도 홀가분해진다. 라벨링으로 내용물도 한눈에.

가족 모두가 사용하기 편한 복도 근처 서랍에 비닐봉지를 대충 수납. 너무 많이 쌓이지 않도록 관리.

주걱, 가위, 유성매직, 버터칼 등 자주 쓰는 것만.

인덕션 히터 아래. 프라이팬과 식용유는 함께 수납. 조미료 뚜껑에는 유성펜으로 라벨링.

식욕이 왕성한 네 아들을 위한 식사 가와사키 씨의 아침식사

[당근이 들어간 소고기덮밥] ① 당근 1개를 잘게 다진다. ② 프라이팬에서 당근 → 간고기 300g 순으로 볶는다. ③ 익으면 소쿠리에 옮겨 기름을 없앤다. ④ 프라이팬에 다시 넣고 설탕, 간장, 맛술을 각각 적정량 넣어 맛을 낸다. ⑤ 식혀 보관용기에 넣는다. ⑥ 먹을 때는 따끈한 밥 위에 얹고 날달걀을 얹

는다.

*당근이 아니라도 채소를 넣으면 몸에 좋다.
*당근이 들어간 소고기볶음은 시간 여유가 있을 때 미리 넉넉히 만들어둔다.

아이들을 위한 간단하고 든든한 한 끼 완성. 매일 아침 5시 반에 일어나 도시락 두세 개를 만들기 때문에 아침식사 메뉴는 가급적 심플하게.

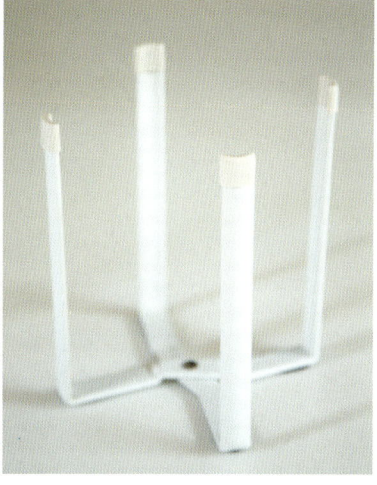

왼쪽은 IKEA 후크에 걸린 비닐봉지로 이 세팅을 남편이 무척 좋아한다. 오른쪽은 YAMAZAKI의 타워. 비닐봉지를 넣어 조리 중 나온 쓰레기를 버리거나 물통이나 페트병을 걸어 물기를 뺄 때도 쓴다.

MY STYLE | 아이들과의 추억이 새겨진 웃음 가득한 공간

아이들이 어릴 때는 어린이용 칼을 선물해 채소 자르는 방법, 사과 껍질 벗기는 방법을 가르치고 함께 요리해 먹곤 했다. 식사를 마친 뒤에는 아이가 발 받침대를 가져와 올라가서 고사리 같은 손으로 설거지를 해주곤 했다. 또 중학교에서 돌아온 아이는 허겁지겁 허기진 배를 채우고, 시험기간일 때는 밤늦게 학원에서 돌아와 야식을 손수 챙겨먹기도 했다. 그렇게 아이들이 커가는 모든 순간이 부엌에 녹아 있다. 식욕이 왕성한 아이들을 위해 햄버거나 만두, 닭강정, 카레를 만들고 있으면 좋아하는 모습과 웃는 얼굴이 떠올라 저절로 미소짓게 된다. 초등학생인 넷째아들과 나란히 서면 엄마랑 키도 비슷해지고, 꽉 닫힌 병뚜껑을 따주는 등 어느새 부쩍 자라 있는 걸 발견한다. 그때마다 말로 형용할 수 없는 행복감이 밀려온다. 함께 식사할 때면 학교에서 있었던 일들을 이야기하며 웃음꽃을 피운다.

이렇게 가족이 모두 모여 살 수 있는 시간도 2년이면 끝이다. 아이들이 독립하면 조금씩 모아 온 도자기에 자연 요리를 담을 생각 이다.

상부장을 철거하고 깔끔한 오픈 키친으로 리폼했다. 식기는 카운터에 수납. 흰색과 크롬, 천연 소재의 나무나 바구니를 좋아한다. 심플할 뿐 아니라 사람의 손길이 느껴져 좋다. 유리 조명은 루이스 폴센.

case 7

정리 강박에서 벗어난 편안한 키친

Maki Mizuho

시각적인 면을 중시하는 우뇌 타입. 부엌 정면의 오픈 선반에는 좋아하는 물건을 놓아 거실에서도 잘 보이도록 했다.

미즈호 마키

이 집은…
도쿄도 거주
남편과 딸(26세), 아들(24세)의 4인 가족
단독주택 4룸 112m^2
키친 5.8m^2 약 2평
지은 지 16년

우세한 뇌
인풋…우뇌 / 아웃풋…우뇌

부엌으로 향하는 거실 한쪽에 키 낮은 서랍장을 놓고 몇 가지 조리도구와 doTERRA의 아로마오일, 건강기능식품 등을 수납.

프로필
늘 '~해야 한다'며 자신을 몰아세우던 때 정리하는 일에 도전했고, 가장 자신에게 맞는 라이프 오거나이저 길로 접어들었다. 스튜디오 트레시아를 설립하고 고객을 상대로 상담 서비스를 한다. 페이스북에 매일 올리는 글이 호평을 얻고 있다.

단아하고 차분해 보이는 인상과 달리 예전엔 가족과 자신에게 "~해서는 안 된다"며 엄하게 굴었던 미즈호 마키 씨. 딸과 함께 집을 완전히 바꾸면서 집착을 버리고 가족 관계도 여유로워졌다. 세 마리의 고양이도 소중한 가족이다.

왼쪽부터 / 청동 포트(니가타 츠이키)와 집 모양의 도자기 캔들홀더(KÄHLER) 등 좋아하는 물건을 진열한 오픈 선반. / 자주 사용하는 잡곡이나 천연 맛국물은 카운터에. 곡물을 수납하는 유리병은 고등학생 시절에 구입한 것. / 네스프레소의 캡슐은 DIY로 부착한 레일에. / 흰 전기밥솥 같은 가전제품은 심플한 모양을 선호. 심플한 흰색 대형 쓰레기통은 15년째 애용 중.

물건도, 마음도
느긋하고 홀가분하게

위쪽 선반의 유리병은 앤틱. 여행지에서 가져온 시글래스나 산호를 넣는다. 아래쪽 선반에는 유리잔과 하와이 몰로카이 섬에 살고 있는 여동생에게 받은 소중한 파이어킹의 콜렉션. 모두 사용빈도가 높다.

오픈 카운터와 오픈 선반으로 리폼한 미즈호 마키 씨의 키친. '눈에 보이는 것이 기분을 좌우한다'는 철학이 진하게 배어 있다. 반면 보이지 않는 곳은 '편안함이 제일!'이라는 생각으로 적당히 여유롭게 수납한다.

하지만 예전에는 정리 강박에 시달렸을 정도로 완벽주의자였다. 직장인으로, 아내로, 엄마로 모든 걸 완벽하게 해내야 한다는 생각 때문에 자신은 물론 가족에게도 엄격해서 아이들과도 자주 충돌했다.

라이프 오거나이저가 되면서 그런 자신을 뒤돌아보고 물건들을 과감히 처분했다. 집 앞에 '필요한 물건은 가져가세요'라고 크게 적고 프리마켓을 시작한 것. 효과가 있어서 서서히 정리 강박에서 벗어날 수 있었다. 부엌의 주도권도 딸에게 넘겨주었다. 요즘은 음식물 조달과 요리, 뒷정리도 모두 딸이 맡아 한다. 적당한 거리감을 즐기면서 '어른의 특권'을 만끽하며 새로운 것을 배우는 데 도전하고 있다.

my favorites

루이스 폴센의 PH2/1 조명. 유리와 크롬 소재로 심플하지만 따스함이 감돌아 좋다.

정면의 열린 선반 위쪽 바구니에는 국수, 과자, 식품 비축분, 빈 깡통을 수납. 흰 바구니는 IKEA 제품.

수납 룰

rule 1
최대한 간단히
편한 게 제일

rule 2
쓰고 나면 바로 제자리에
보기 좋은 것은 꺼내놓아도 된다

rule 3
누구든 찾기 쉽게
위치 관리와 라벨링

커트러리 박스와 나란히 놓여 있는 젓가락 통. 목제 상자에 초목이 납결로 염색되어 문양으로 들어간 노무라 레이코 씨의 작품. 원래는 벼루를 넣어두는 상자였지만 젓가락 크기에 딱 맞았다. 검은색은 목초로 물들인 것이라 살균작용을 한다.

깊이 25cm의 카운터 수납. 다기류, 유리잔, 문구류, 전지나 전구의 비축분을 모아둔다.

싱크대 아래 위쪽 서랍. 세제 비축분, 비닐봉지, 행주, 양초, 재활용 쓰레기통 등 수납.

커트러리는 종류와 크기별로 분류하여 박스째 식탁으로 가져올 수 있도록 카운더 위에. 스틸박스는 조합해 넣을 수 있는 사이즈. 프랑프랑에서 구입.

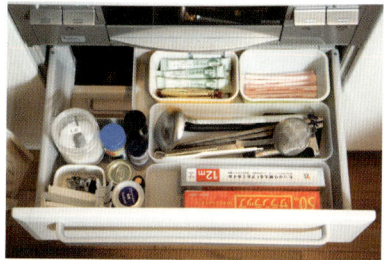

가스레인지 윗서랍. 조리도구와 조미료, 맛국물 등.

가스레인지 아래서랍. 큰 냄비와 프라이팬, 조미료.

바구니를 좋아해 모은다. 그때그때 적절한 바구니를 사용한다. 가볍고 보기에도 좋아 냉장고 위에. 가끔 고양이가 바구니 안에 들어가 있을 때도 있다.

싱크대 아래. 소쿠리는 하나. 뚜껑이 없는 냄비는 손잡이가 없는데도 25년간 애용.

storage

자유로움을 추구하는 달콤한 아침 미즈호 씨의 아침식사

[잠을 깨워주는 달달한 메뉴 … 과일 롤케이크]

[맛있는 밀크티] 따뜻하게 데운 포트에 양질의 잎차를 듬뿍 넣고 뜨거운 물에 우려낸 후 컵에 따라 우유를 더한다.

[채소] 노란 방울토마토와 빨간 방울토마토를 적당히. 양상추에는 올리브오일을 뿌린다.

[견과류] 호두와 아몬드가 좋다.

*가족 모두 성인이 된 후부터 아침식사는 자유롭게 한다.
*밀크티는 학창시절에 아르바이트를 했던 레스토랑에서, 홍차의 본고장 인도에서 파견 나온 마스터에게 직접 전수받았다.

접시와 머그컵은 파이어킹의 제이드. 우유 주전자는 앤틱. 티포트는 웨지우드. 마음에 드는 물건을 사 꾸준히 사용한다.

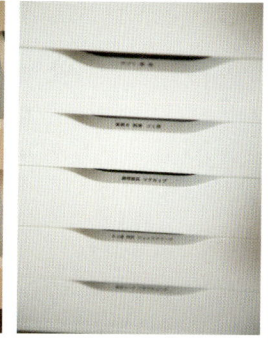

거실에 있는 IKEA 서랍수납 ALEX. 사용빈도가 낮은 조리도구와 약, 건강기능식품, 아로마오일을 수납. 누구든 쉽게 찾을 수 있도록 중앙에 라벨링을 했다. 문을 닫으면 안 보이고 찾을 때는 금방 알아볼 수 있다.

MY STYLE | 삼시세끼 준비에서 벗어나 자유를 만끽한다

마침내 자녀를 보살피는 시기를 졸업하고 지금은 딸이 부엌을 주로 사용한다. 식재료 조달을 맡겼더니 이제는 조리와 뒷정리도 도맡아 하고 있다. 식사 준비에서 벗어나 여유롭게 차 한 잔을 마시거나 귀가 후 "오늘 저녁은 뭐야?"라고 묻게 된 지금이 진심으로 고맙고 좋다. 집안에서는 청소를 맡고 있지만 부엌일이 줄어들면서 평소 하고 싶은 일에 몰두할 시간이 생겼다. 나이가 들어서 새로 배우는 일이나 인간관계가 즐겁다. 식사에 대한 소신도 자유로워졌다. '먹고 싶은 것이 몸에도 좋다'는 생각으로 아침은 달콤한 케이크로 잠을 깨며 시작한다. 공복감을 느낄 때만 식사를 하기 때문에 대개 하루 한 끼 반에서 두 끼를 먹는다. 세 끼는 몸에도, 위에도 부담이 된다.

거실과 주방이 통하는 곳엔 늘 가족 중 누군가가 있다. 각자 하고 싶은 일을 하면서 편안하게 대화를 주고받는다. 재미있는 일이 있으면 함께 웃는다. 자녀들과 함께 생활할 수 있는 시간도 얼마 남지 않았는데 집에 있을 때만큼은 서로의 존재를 느끼고 편안하게 쉴 수 있는 공간으로 꾸미고 싶다.

냉장고의 야채실. 분류는 작은 종이봉투를 사용, 색깔도 고려하여 배치. 더러워지면 교환할 종이봉투도 앞쪽에 미리 비축.

Part 2
Special Seminar
특별강좌
−당신도 라이프 오거나이저가 될 수 있다

정리와 리폼, 청소법까지
라이프 오거나이저가 알려주는
키친에 대한 모든 것

seminar 1

스즈키 나오코의
키친 오거나이저
입문

이 책에 등장하는 오거나이저들은
어떻게 '나에게 맞는 키친 스타일'을
갖게 되었을까?
라이프 오거나이저가 되기 위한
방법과 과정을 소개한다.

키친은 집안의 모든 일이
시작되는 기점. 키친이
편하고 즐겁고 아름답게
정돈되면 생활은 자연스
럽게 활기차진다.

강사
스즈키 나오코

예전에는 부엌에서 일하는
건 오로지 나 혼자였다. 하지
만 부엌 시스템을 개선한 뒤
부터 남편이 요리하고 아들
과 딸이 밥을 짓거나 설거지
를 하는 등 가족 모두가 애용
하는 공간이 되었다.

'내게 맞는 키친'이란
어떤 공간인가?

기분 좋은 키친이란?

'라이프 오거나이즈'의 첫 단계는 '사고의 정리'다.

'어떤 부엌이면 나와 가족이 매일 기분 좋게 지낼 수 있을까?'
매일 직접 아이의 간식을 만들어야 하는 엄마, 바쁜 워킹맘, 대가
족이 사는 집 등 각 가정의 라이프 스타일에 따라 이상적인 키친
의 스타일도 다를 것이다.

내 경우를 예로 들어보자. 최근 몇 년간 나의 라이프 스타일은 크
게 달라졌다. 전업주부일 때는 부엌에서 많은 시간을 보냈지만,
본격적으로 일을 시작한 후로 부엌에서 보내는 시간도 줄고 필
요한 조건도 달라졌다. 평일에는 귀가 후 15분 만에 뚝딱 만들 수
있는 간편 요리를 주로 한다. 무치거나 굽거나 볶는 것만으로 끝
나는 간편 요리다. 배고픈 아이를 기다리게 할 수 없기 때문이다.
하지만 주말에는 정성이 가득 든 요리를 만든다. 가끔 남편과 샴
페인도 즐긴다. 처음 만들어본 요리를 가족들이 맛있게 먹어주면
얼마나 행복한지 모른다.

자, 이런 생활을 잘 유지하고 즐기기 위해 무엇이 가장 중요할까?
조리기구나 식기는 어떻게 해야 할까? 스트레스를 느끼는 부분
은 어디일까? 이 모든 걸 '생각'하는 것에서 이상적인 키친이 시
작된다.

어릴 때부터 부엌에서 벌어지는 이야
기를 좋아했다. 유치원 때 몇 번이고
되풀이해 읽었던 그림책을 다시 구입
해 조금씩 음미하며 읽고 있다.

여기 서서 부엌을 바라보는 게 좋다. 마치 조종실처럼 보이는 키친은 우리 가족의 건강과 인격을 만드는 장소다.
그런 생각을 하면 약간 긴장되기도 한다. 그래서 더욱 쓰기 편하고 쾌적한 장소로 만들고 싶다.

정말 좋아하는 것, 쓰고 싶은 것은 무엇인가?

간편 요리에서 중요한 것은 제맛을 내기 위한 조미료다. 술, 식초, 맛술 등은 우수한 품질을 고집한다.

남겨둘 것을 먼저 선택한다

보통 정리한다고 하면 '필요 없는 것부터 버린다'고 알고 있지만 라이프 오거나이즈에서는 그 반대다. 즉, 자신이 원하는 생활, 원하는 키친에 꼭 필요한 것, 좋아하는 것, 중요한 것을 선택하는 데서 시작한다. 따라서 가장 중요한 건 자신의 '가치 기준'이다. 나의 경우 심플한 것이 좋다. 그래서 우리집 부엌은 '스테인리스' '블랙' '나무'라는 세 가지 소재와 색깔을 중심으로 정리되어 있다. 쇼핑할 때도 그 기준에 따라 고르면 때마다 고민하지 않아도 된다. 한편 '싫은 것' '스트레스를 주는 것'을 생각하는 것도 방법이다. 나의 경우 행주를 빨아 말리는 걸 무척 싫어한다. 그래서 행주만큼은 1회용 키친타월을 쓴다.

이처럼 먼저 '나의 취향과 욕구'를 알면 지금 필요한 것과 필요하지 않은 것이 명확해져 저절로 물건이 줄고 생활은 심플해진다.

우세한 뇌를 힌트로

라이프 오거나이즈에서는 자신을 이해하는 도구로 뇌를 중시한다. 우뇌는 직감적이고, 좌뇌는 논리적인 인지에 능하다. 가령 물건에 대해서도 우뇌를 쓰는 사람은 '좋다, 싫다'라는 감각을 중시하고, 좌뇌를 쓰는 사람은 사용빈도나 편의성을 중시한다고 본다. 양손을 깍지 껴서 엄지손가락이 아래로 가는 쪽 뇌가 정보를 인풋할 때 우위에 있는

업무용 티슈를 사용한다. 먼저 테이블을 닦은 후 바닥을 닦는 걸레로 재활용한다.

분류해보자

자신에게 맞는 키워드로 분류하면 중요한 것과 불필요한 것이 저절로 보인다

좌뇌 타입에 권하는 예		우뇌 타입에 권하는 예	
사용빈도		감정	
매일 사용한다	1개월에 한 번 정도 사용한다	정말 좋다!	도구
3년 이상 사용하지 않았다 (필요 없는 물건)	1년에 한 번 정도 사용한다	좋아하지 않는다 (필요 없는 물건)	주저한다

뇌고, 팔짱을 낄 때 아래로 가는 팔 쪽 뇌가 아웃풋할 때 우위에 있는 뇌라고 한다. 나는 인·아웃 모두 우뇌 타입이다.

전문가의 부엌처럼 보이는 스테인리스 소재와 블랙 컬러, 따스함이 느껴지는 나무. 이것이 내가 좋아하는 균형감이다. 랩이나 호일은 상품 그대로 쓰면 편하지만 색깔이나 글자가 맘에 들지 않아 은근 스트레스를 받는다. ideaco의 검은색 케이스가 깔끔하고 차분하다.

어디에 두면 더 편하게 사용할 수 있을까?

젓가락과 커트러리, 손님용 컵과 컵받침은 다이닝 테이블 근처에 수납.

자주 사용하는 것일수록 가까이에

부엌에서 사용할 물건을 결정했다면 다음은 어디에 둘지 결정해야 한다. 물건은 사용 후 돌려놓을 자기 자리가 있어야 한다. 오래 물건을 둘 최적의 장소를 정해주자.

포인트는 사용할 장소에 가까울 것. 즉 동선을 최소화하기가 기본이다. 또 사용빈도가 높은 것일수록 특등석에 둬야 한다. 자주 사용하지 않는 물건은 좀 떨어진 곳에 둬도 문제 없다.

우리집의 경우 바쁜 평일에는 요리도, 정리도 '속도'가 관건이다. 그래서 조리대 아래쪽에는 자주 사용하는 흰색 식기를 둬 막 끓인 국수를 담고, 씻어 말린 뒤 곧바로 제자리에 넣는 구조다. 아무리 마음에 드는 식기라도 자주 사용하지 않으면 여기에 두지 않는다.

스트레스 없는 배치

싱크대 옆 서랍에는 자주 사용하는 볼을 엄선해 넣었다. 예전에는 볼이나 소쿠리를 한데 모아 가스레인지 옆 공간에 두었는데, 채소를 씻은 후 물을 뚝뚝 흘리며 가지러 가는 게 스트레스라서 지금처럼 바꿨다. 키친타월도 원래는 롤 타입을 사용했는데, 젖은 손으로 만지면 제멋대로 뜯어져 짜증이 났다. 지금은 뽑아 쓰는 타입으로 원래 있던 상자에서 꺼내 그대로 서랍에 비치한다. 볼이나 소쿠리를 사용할 때는 키친타월도 같이 사용하는 일이 많아 이 정리법이 내게는 최고다.

도시락 용품은 조리대 아래 맨 위 서랍에. 선 자리에서 도시락을 쌀 수 있다.

자주 사용하는 볼과 소쿠리만 싱크대 옆 서랍에 보관. 매번 함께 사용하는 키친타월도 함께 보관.

주방 옆 팬트리에는 주말 식사나 고객이 찾아왔을 때 사용할 격식 있는 식기를 수납한다. 결혼할 때 엄마 친구에게 물려받은 식기장을 아껴 쓰고 있다. 식료품은 깜빡 잊고 유통기한이 지나지 않도록 잘 보이는 병에 넣거나 뚜껑이 없는 케이스에 넣어 정한 위치에 정량만 보관한다. 모든 물건은 사용한 뒤 제자리에 놓아두면 그대로 정리 끝.

윗줄부터 / 평일에 자주 사용하는 식기를 엄선하여 상부장 맨 아래에. 식기세척기로 닦을 수 있는 흰색이 기본이다. 특별한 행사에 쓰는 도시락은 높은 선반에 둬도 불편하지 않다. / 주말이나 손님 대접에 사용하는 식기류는 팬트리에 보관한다. 비축품도 일목요연하게.

넣고 빼기 쉬운 정리법이란?

사용할 사람이 누구인가?

물건을 수납할 때 중요한 것은 '사용하는 사람이 넣고 빼기 쉬운 시스템'이다.

가령 아이가 혼자 힘으로 간식을 준비하게 하려면 아이 손이 닿는 높이에 물건을 수납해야 한다. 가급적 한눈에 보이도록 해주면 아이도 어려움 없이 해낼 수 있다. 예컨대 이전에는 보리차 물통을 냉장고 문에 넣어뒀는데 하루에도 몇 번씩 "엄마 물 좀 꺼내줘"라고 해 스트레스였다. 고민 끝에 아이가 꺼내기 쉬운 야채실로 옮겼다. 물통을 2개 준비해 "여기 있으니까 꺼내 먹어"라고 했더니 당시 세 살이던 딸도 직접 꺼내 먹었다. 아이가 스스로 하게 만들면 엄마는 편하고 아이도 성취감을 느낀다.

생수병이나 감자는 레트로 앤틱 박스에 보관.

수납은 심플하게

이상적인 수납법은 '한 번에!'다. '문을 열고 → 케이스를 꺼내 → 뚜껑을 열고'처럼 행동 단계가 늘어날수록 번거로워지고 귀찮아진다. 다시 제자리에 넣는 일도 동일한 과정을 거쳐야 하기 때문에 상당히 불편하다. 그러면 당연히 정리정돈이 되지 않는다.

우리집에서는 매일 사용하는 것들은 가스레인지 근처에 나와 있다. 그래서 그런 물건을 살 때 디자인이나 색감은 스트레스를 주지 않는 것으로 엄선한다. 식기나 조리도구도 문이나 서랍을 열고 동작 한 번으로 꺼낼 수 있게 했다.

수납에 '정답'은 없다. 함께 쓸 물건을 한곳에 수납하는 것이 기본이지만 프라이팬 하나도 세우는 사람, 벽에 거는 사람, 겹쳐놓는 사람 등 사람마다 제각각 쓰는 방법이 다르다. 따라서 자신에게 맞는 방법을 찾는 게 중요하다. 나는 어떤 방법이 제일 잘 맞는지 알기 위해 먼저 종이봉투로 대체해 사용해본 후 괜찮으면 정식 수납용품으로 교체한다.

테이블 수납공간에는 아이가 쉽게 식탁 준비를 도울 수 있도록 젓가락과 커트러리를 수납.

왼쪽부터 / 하부장 아래의 수납공간은 아이가 사용하기 쉬운 공간. 아이 혼자 물통을 꺼내고 차를 우리거나 오른쪽 흰색 케이스에 들어 있는 쌀을 씻어 밥을 짓기도 한다. / 클립이나 이쑤시개 등 가족 모두가 사용하는 것은 특등석인 싱크대에서 가장 편리한 서랍에.

왼쪽부터 / 아이의 손이 잘 닿는 높이의 서랍에는 간식 그릇과 컵을 넣어 스스로 준비하게 한다. / 비닐봉지는 둥글게 말아 넣는다. 내가 접은 봉투. / 큰 비닐봉지를 차곡차곡 예쁘게 접어 넣은 것은 성실한 딸 솜씨.

왼쪽부터 / 도시락에 사용하는 이쑤시개는 무인양품의 PP케이스에 멜라민 스펀지를 넣고 꽂아서 수납. / 다이닝 테이블 근처의 수납 부분에는 손님용 컵과 컵받침, 쟁반, 포크, 냅킨을 수납. 사용하는 곳 가까이에 두는 게 철칙.

지금의 라이프 스타일에 맞는가?

사용하기 쉬운가?

자신에게 중요한 물건을 선택하고, 위치를 정하고, 수납을 했다면 상당히 말끔해졌을 것이다. 이 상태로 잠시 동안 사용해보자. 만일 1개월 이상 같은 상태를 유지할 수 있다면 그것은 사용자에게 좋은 시스템이다. 반대로 사용하기 어렵고 정리가 흐트러지기 시작한다면 원인을 생각해볼 때다. 물건이 많은가? 꺼내기 어려운가? 제자리에 돌려놓는 습관이 생기지 않았나? 쓰레기를 내놓는 게 늦나? 정리할 시간이 없나?

물량, 배치, 수납 방법, 수납용품, 시간 등을 돌아보고 개선할 곳은 개선해야 한다. 시행착오를 거치면서 자신에게 꼭 맞는 시스템을 찾아가자.

칠판은 학교에서 보내온 안내장이나 전하는 말 등을 붙이는 코너로 이용 중.

가끔 점검해보면 사용하지 않는 물건이나 빵집에서 받아온 칼 등 불필요한 물건이 발견된다.

라이프 스타일은 바뀐다

자신에게 꼭 맞는 키친을 만들었어도 아이가 성장하거나 일하는 방식이 달라지면 생활방식도 달라진다.

나의 경우 몇 년 전까지는 유치원에 다니는 딸의 간식 만들기가 주요 일과였다. 하지만 지금은 중학교에 다니는 아들의 도시락을 싸는 것으로 바뀌었다. 평일에는 집을 비우는 일이 많기 때문에 학원에 가기 전 아들이 스스로 챙겨먹을 수 있는 주먹밥이나 오코노미야키를 준비해두는 일은 엄마 몫이다. 한편으론 아들도 딸도 직접 밥을 지을 수 있을 만큼 성장했다. 앞으로 몇 년 지나면 딸도 간단한 요리 정도는 하게 될 것이다. 이처럼 가족 모두의 생활방식이 변함에 따라 키친 스타일도 점차 변해간다. 당연히 사용하지 않는 물건도 생기고 더 필요한 물건도 생길 것이다. 따라서 때때로 물건과 시스템을 돌아보는 게 필요하다. '지금 우리 가족의 라이프 스타일에 맞는 키친'이 되도록 변경하는 것, 그것이 편하고 즐겁고 아름다운 키친을 유지하는 비결이다.

요리는 좋아하지만 설거지는 너무 싫다. 그래서 집을 설계할 때 가족의 얼굴이 보이는 위치에 싱크대를 배치해, 설거지를 할 때도 가족과 대화를 나누면서 할 수 있게 했다. 키친을 바꾸고 난 후 남편과 아이가 설거지를 자주 하게 됐다.

seminar 2

모리시타 준코의
키친 리폼 입문

지금보다 더 멋있고 실용적인 키친을
갖고 싶다면 무엇을 기준으로 선택하면
좋을까? 클린업의 최신 키친을
견학하면서 키친 리폼의 포인트를
배워보자.

견학처: 신축은 물론 리폼으로도
정평이 난 클린업 신주쿠 쇼룸.

강사
모리시타 준코

리폼 플래너 경력 18년. 수납
& 인테리어 모델하우스 감
수. '사고의 정리'를 중시한
정리로 정평이 나 있다. 저서
로 『정리하고 싶은데도 정리
못하는 일이 사라진다』가 있
다.

어떤 키친으로 할까? 누가 사용하는가? 어떻게 지내고 싶은가? 사용하고 싶은 것은 무엇인
가? 머릿속을 정리하면 꿈의 키친이 펼쳐진다.

당신이 꿈꾸는 이상적인 키친은?

완전히 바뀐 키친은 상상만 해도 가슴이 두근거린다. 쇼룸에 전
시된 키친을 보면 시선을 빼앗긴다. 그러나 리폼을 하는 새로운
키친을 들이든 '어떤 키친으로 하고 싶은가'를 먼저 생각해야 한
다. 인테리어뿐 아니라 '아이가 집안일을 도울 수 있는 키친을 만
들고 싶다' '바쁜 직장생활을 위해 동선이 짧았으면 좋겠다' 등
자신이 원하는 생활을 기분 좋게 할 수 있는 방법을 생각하는 것
이 중요하다.

키친과 식기장의 색을 맞추거나 싱크대 상판의 소재를 선택하는 등, 좋은 디자인으로 조합할 수 있는 것이 시스템 키친의 이점이다.

그렇게 콘셉트를 잡았다면 물건을 선택한다. 지금 갖고 있는 물건을 전부 수납한다는 생각은 버리자. 꼭 사용하고 싶은 것, 편리한 것, 좋아하는 것만을 엄선한다. 솔직하고 진지하게 자신에게 묻고 가치관에 따라 선택하면 된다. 이때가 불필요한 물건을 처분할 좋은 기회다. 필요할 것 같아 샀지만 쓰지 않은 것, 마음에 들지 않는 서랍 속 식기, 언젠가 쓰겠지 하며 보관했던 냄비, 조리도구 등을 처분하자. 특히 주방에 물건이 많아 복잡하다면 줄이기는 필수다.

자신에게 중요한 아이템을 선택했다면 다음에는 식기, 조리기구, 식품 재고 등 종류별, 사용별로 물건을 분류해보자. 또 매일 사용하는 것과 1년에 한두 번 사용하는 것 등 사용빈도별로 나누자.

배치와 수납의 기본
가로＝워크 트라이앵글, 세로＝핸디존

어떻게 배치해야 가장 편할까?

필요한 물건을 선별했다면 키친 스타일을 선택한다. 디자인도 중요하지만, 얼마나 움직이지 않고 편하게 작업할 수 있는 시스템을 만들지가 매우 중요하다. 키친의 크기나 타입은 주택 사정에 따르지만, 효율이 좋은 배치·수납은 얼마든지 선택할 수 있다.

우선 '가로 동선'은 가스레인지, 싱크대, 냉장고를 연결한 워크 트라이앵글 (삼각형)을 체크한다. 세 변의 총합이 3.6~6.6m인 동선이 이상적이다.

'세로'는 눈에서 무릎까지의 핸디존을 활용할 수 있는 구조를 만드는 것이 포인트. 사용하는 사람에 맞춘 최신 기능도 확인하자.

당기면 내려오는 상부장
손에 닿지 않는 상부장이 눈앞까지 내려오는 구조. 싱크대 위 공간을 넓게 사용할 수 있고 핸디존을 전부 활용할 수 있다. 도마나 행주를 살균 건조하는 타입도 있다. 수동과 전동, 예산에 맞춰 선택한다.

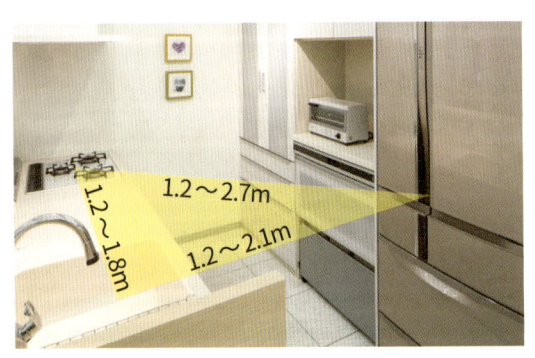

워크 트라이앵글
이상적인 작업 동선 배치는 ① 싱크대~가스레인지 1.2~1.8m, ② 가스레인지~냉장고 1.2~2.7m, ③ 냉장고~싱크대 1.2~2.1m이다.

> 이것도 체크!

반죽기나 핸드믹서 같은 주방용 전기제품을 사용하려면 싱크대 상판 위쪽의 적당한 위치에 콘센트가 필요하다.

서랍을 열면 일목요연하게 보인다

수납의 기본은 전체가 한눈에 보이는 것이다. 수납이 편리한 서랍 타입이라면 물건을 찾지 않아도 되고, 쓴 뒤에 제자리에 놓는 일도 간단하다. 요리부터 정리, 재고 관리도 편하다. 뒤쪽은 컵이나 찻잔 등을 정리한 '손님 접대 코너'나 재고가 한눈에 보이는 '식품창고'로.

내게 딱 맞는 키친 포인트 6

냄비와 겹치지 않게 프라이팬을 놓을 수 있는 스텝 박스. 손잡이 부분이 걸리지 않는 방식이다.

쓰레기통을 넣어두는 곳이 처음부터 시스템화되어 좋았다. 흐트러질 염려가 없다.

서랍을 열면 랩 같은 것이 손에 닿는 위치까지 올라오는 박스가 설치되어 있다.

생선을 구울 때 뒤집지 않아도 양면을 구울 수 있는 더치오븐의 그릴.

쓰기에 불편한 싱크대의 L자형 부분은 왜건을 통째로 당길 수 있게 하여 해결. 수납력이 상당하다.

쌀이나 비축품도 말끔히 수납하는 슬라이드 수납. 소리 없이 부드럽게 열린다.

쉽게 더러워지지 않고
쉽게 닦이는 소재

기름이나 오염물이 묻기 쉬운 곳은 잘 닦아 줘야 하는데 스테인리스나 경면, 화장면은 오염물이 쉽게 제거되는 소재라서 관리가 쉽다. 가스레인지 면은 싱크대 문과 색깔을 맞추면 매력적.

조리할 때 묻는 기름때나 끓어 넘친 음식물이 눌어붙는 것은 유리의 온도가 상승하기 때문이다. 클린업의 열차단 가스스톱은 가스레인지 상판의 열을 분산시켜 유리의 표면온도 상승을 억제해, 눌어붙는 것을 예방한다.

정리와 청소가 편한 시스템으로
스트레스를 없앤다

청결과 쾌적함을 유지하도록 선택

요리를 하고 나면 설거지는 물론 개수대, 가스레인지 주변도 닦아야 한다. 하지만 청소와 정리가 쉬운 시스템이 갖춰져 있다면 청결한 상태를 쉽게 유지할 수 있다. 예를 들어 오염이나 냄새가 묻지 않는 스테인리스 문이나 서랍, 자동으로 청소해주는 환기구 등 시스템은 하루가 다르게 진화하고 있다.

리폼을 할 때도 자신에게 꼭 필요한 조건을 선택하자.

설거지할 때 음식찌꺼기가 물길을 따라서 자동으로 배수구에 모이는 시스템. 싱크대 자체에 친수성이 있는 특수코팅을 해 기름때나 물때도 쉽게 없어진다. 물이 튀는 소리를 최대한 억제하는 기술도 도입. 이음새가 없는 '클린 거름망'(아래 사진)에도 코팅이 되어 있어 청결하다.

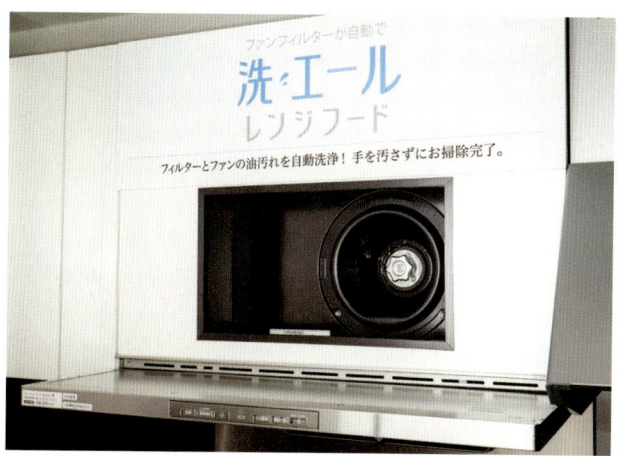

청소가 필요 없는 환기구

'센에르'는 급탕 트레이에 온수를 넣고 버튼을 누르면 전자동 세탁기처럼 작용하여 필터와 팬을 그대로 자동 세정하는 환기구. 월 1회 세정하여 약 10년간은 필터 교환을 하지 않아도 되어 매우 편하다.

이번에 견학한 것은 주로 '클린레디'라는 아이디어로 가득한 인기 시리즈. 기능적이고 편리한 키친은 생활을 즐겁게 만들어준다.

이상적인 키친을 만드는 10단계

1

자신이 원하는 이상적인 키친을 머릿속에 그려보자.

2

사용하고 싶은 물건을 엄선하자.

3

워크 트라이앵글을 고려하자.

4

핸디존을 사용하자.

5

수납의 기본은 '한눈에 보일 것'.

6

콘센트의 위치 확인도 잊지 말자.

7

일목요연한 재고 관리로 유통기한을 지키자.

8

쓰레기통과 청소도구 등은 제위치를 정하자.

9

오염이 잘 제거되는 소재를 선택하자.

10

청소는 최신식 설비에 맡기자.

seminar 3

기무라 요시에의
청소 오거나이즈
입문

요리하고 먹고 설거지와 뒷정리…
매일 쳇바퀴처럼 돌고 도는 일상.
조금만 방심해도 순식간에 더러워지기
때문에 매일 조금씩 청소하는 것이
중요하다. 여기서는 쉽고도 효과적인
청소 요령을 소개한다.

기름, 물, 곰팡이, 먼지 등 부엌의 더러
움은 복합적이다. 요인을 정확히 파악하
고 반짝반짝 청소하자.

강사
기무라 요시에

여성 전문 하우스클리닝업체
'크리스탈 뮤즈'에서 일한다.
보이는 것뿐 아니라 감촉이
나 소리, 물 튐 등 오감을 총
동원하여 오염을 없애는 능
력으로 정평이 나 있다.

오염 종류와 세제의
종류부터 파악하자

청소는 화학이다

'부엌 청소'라는 말만 들어도 넌더리를 내는 사람이 많다. 찌든 때
가 가득한 환기구나 녹이 잔뜩 슨 가스레인지 등을 떠올리기 때
문이다. 막 생긴 오염은 닦기만 해도 제거되지만 오래 방치할수록
처치가 곤란해지므로 묵은때가 되기 전에 청소하는 게 중요하다.
여기서는 간단한 데일리 케어법으로 평소에 깨끗하게 관리하고,
오래된 오염에도 응용할 수 있는 법을 소개한다.
우선 알아야 할 것은 오염에도 종류가 있다는 점이다. 오염은 기
름, 석회, 균(곰팡이), 먼지 등 여러 가지가 뒤섞여 심해지는데 그
주가 되는 것이 기름때다. 요리 중에 튄 기름, 식품에 함유된 기
름, 끈적거리는 오염 등은 '산성'이다. 반면 석회나 비누 찌꺼기,
물때는 '알칼리성'이다. 석회는 방치하면 꺼칠꺼칠 단단해지는
오염이다. 미끈거리는 곰팡이는 씻어내면 없어지지만, 산성과 알
칼리성 오염을 없애려면 적절한 세제가 필요하다.

오염 종류에 따라 적합한 세제 선택

학창시절에 배운 '중화'라는 말을 기억하는가? 산과 알칼리가 섞
이면 서로의 성분을 약화시킨다. 이것이 중화다. 기름 오염은 산
화한다. 따라서 알칼리성 세제를 더하여 중화해야 한다. 석회나
비누 찌꺼기 등 알칼리화한 오염에는 산성세제로 중화한다. 오염
성분이 약해져 쉽게 제거되는 원리다.
그렇다면 수많은 세제 중에서 무엇을 선택하면 좋을까?
우선은 설명서의 성분을 체크해야 한다. '산성' '약산성' '중성' '약
알칼리성' '알칼리성' 중 하나가 적혀 있을 텐데, 제품명은 달라도
성분은 확인해야 한다. 산화한 기름때에 산성세제를 바르면 효과

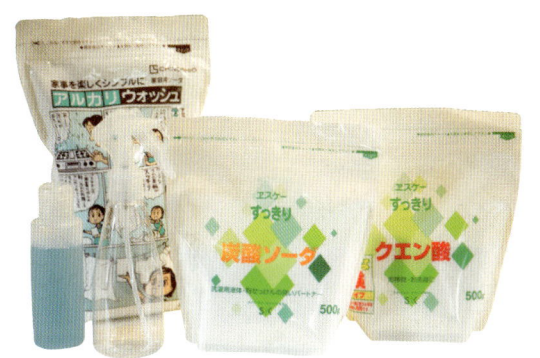

세제 성분 체크하기

포장지에 표시되어 있는 '성분'을 확인하자. 오염이 심하지 않다면 데일리 케어에는 세스키 탄산소다(약알칼리성)와 구연산(산성)을 권한다. 이걸로도 지워지지 않는다면 탄산소다(알칼리성)나 합성세제 등으로 세정력을 높인다.

*중조(약알칼리성)도 좋지만, 흰 가루가 남기 때문에 권하지 않는다.

가 없다.

또 오염 정도에 따라 세제의 강도를 선택해야 한다. 생긴 지 얼마 되지 않은 오염에는 중성세제, 가벼운 오염에는 약산성이나 약알칼리성, 오래된 오염에는 산성이나 알칼리성을 선택한다.

천연세제

세스키 탄산소다, 중조, 구연산, 식초는 천연세제로 좋다. 크게 더러워지지 않은 곳이라면 매일매일 천연세제를 쓰는 것만으로도 충분하다. 아래의 도표에 있는 것처럼 천연이라고 해도 탄산소다처럼 강알칼리성도 있고 구연산이나 식초처럼 강한 산성도 있다. 같은 성분이라도 계면활성제가 들어간 합성세제가 오염을 제거하는 힘은 뛰어나다. 따라서 만일 찌든 때가 제거되지 않는 경우에는 합성세제를 사용하는 편이 현명하다. 오염 제거의 기본은 성분 파악이다.

오염에 효과적인 세제는?

천연세제를 잘 활용하자.
진한 오염을 없앨 때는 합성세제도 활용하자.

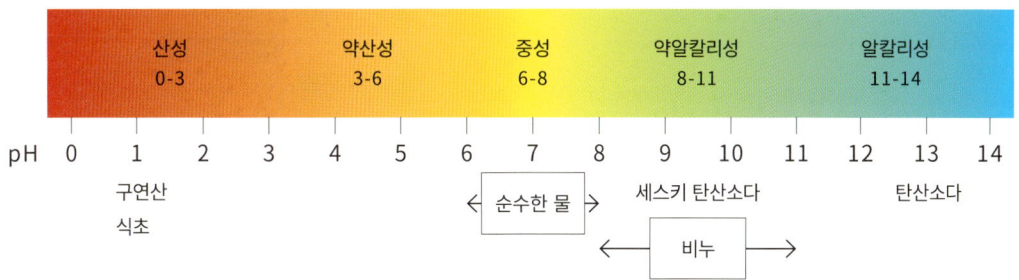

석회화한 오염에는 산성이 효과적이다 　　　　　　기름때에는 알칼리성이 효과적이다

| 산성 0-3 | 약산성 3-6 | 중성 6-8 | 약알칼리성 8-11 | 알칼리성 11-14 |

pH 0 1 2 3 4 5 6 7 8 9 10 11 12 13 14

구연산 식초　　　　　　　　　　　　← 순수한 물 →　세스키 탄산소다　　　탄산소다

← 비누 →

좋은 도구가 있으면 시간과 힘이 절반
쉽고 효과적인 청소를 하고 싶다면 도구는 반드시 필요하다. 스펀지, 솔, 헤라, 금속헤라, 브러시, 패드, 멜라닌 스펀지, 극세사 행주, 그리고 세제를 희석할 용기를 갖춰야 한다. 사용한 뒤에는 깨끗하게 닦아 말릴 것. 다음 사용할 때를 대비해 깨끗이 해놓는 게 청소를 습관화하는 포인트다.

적절한 청소도구를 갖추자

도구 종류와 사용법

오염에 맞는 세제를 투입하면 오염물이 중화되어 제거하기 쉬운 상태가 되는데, 제거하려면 적절한 도구가 필요하다. 힘으로 빡빡 문질러 닦는 것보다 도구를 사용하는 편이 훨씬 편하고 안전하다. 대표적인 도구와 사용법은 다음과 같다.

스펀지…벽면이나 상판 등 넓은 곳은 스프레이보다도 스펀지를 이용하면 효율적이다.

솔…좁은 공간에 소량의 세제를 바를 때 편리하다.

브러시…오염을 부드럽게 만들어 닦아낸다. 손끝이 닿지 않는 각진 구석에 유용한 아이템.

헤라…들러붙은 오염을 긁어낼 때. 필요 없어진 두꺼운 카드를 대신 사용해도 좋다.

멜라닌 스펀지…오염을 없앤다기보다 스테인리스나 인공대리석 등 매끈매끈한 소재의 오염을 세제로 없앤 뒤 가볍게 닦아내어 오염이 제거되었는지 남았는지를 확인할 때 사용.

패드…찌든 때나 가볍게 눌어붙은 오염에 사용. 스펀지와 마찬가지로 면 전체로 문지르면 효과적.

걸레…물걸레, 마른 걸레 등 종류별로. 오염 정도를 알 수 있도록 흰색을 권한다.

극세사 행주…스테인리스에 걸레질한 흔적이 남아 있을 때 한 번 닦아주면 말끔하다.

고무장갑…세제 성분을 구분해 청소할 때 사용.

고글…환기구 청소를 할 때 합성세제가 눈에 들어가지 않도록 보호한다.

자, 이것으로 청소 준비 끝.

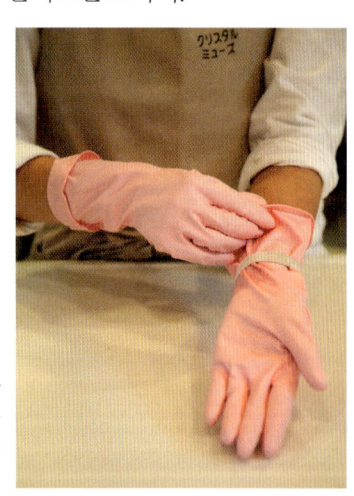

손을 보호하는 필수품
산성세제나 알칼리성세제를 사용할 때는 고무장갑. 고무줄을 손목 부분에 감고 접으면 팔꿈치 부분으로 액체가 흐르지 않는다.

본격적인 청소법

데일리 케어의 순서

◎ 부엌의 오염은 대부분 기름때다. 먼저 세스키 탄산소다 용액을 준비하자. 스프레이통을 하나 만들어 평상시에 사용하는 물걸레에 한차례 뿌린다. 테이블, 키친 상판, 가전제품 등의 손때를 말끔히 없앤다. 가스레인지 주변, 주방 바닥, 수납장 손잡이도 깔끔. 스펀지나 브러시가 기름때로 끈적거릴 때는 합성세제가 나설 차례. 물로 씻어낸 뒤에 건조.

◎ 만일 손으로 만졌을 때 까칠하다면 석회 오염일 확률이 높다. 이것은 구연산 용액을 스프레이로 뿌리거나 발라서 스펀지나 패드, 헤라를 사용하여 없앤다.

◎ 스테인리스 수도꼭지나 가전제품은 반짝거리게 닦으면 보기에도 깔끔. 천연세제를 멜라닌 스펀지에 묻혀 닦는다. 여기에 물걸레나 마른 걸레로 닦으면 오염이 덜 된다.

3~5분 기다린 뒤에!
세스키 탄산소다, 탄산소다, 합성세제 등의 알칼리성세제를 바른 다음 최소한 3~5분은 그대로 둔다. 기름때가 중화하면 도구는 거의 더러워지지 않는다. 스펀지로 세제를 도포할 때처럼 문지를 때도 움켜쥐지 말고 전체 면으로 문지른다. 딱딱한 패드로 눌어붙은 때를 문지를 때는 상하좌우로 움직이면 더 빨리 없앨 수 있다.

청소를 잘하게 되는 3가지 힌트

기다린다…세제를 바르거나 스프레이로 뿌렸다면 3~5분 정도 기다린다. 그사이 세제는 오염 물질과 싸운다. 중화되기 전에 문질러버리면 효과가 반으로 준다.

높인다…오염물이 제거되지 않을 때는 액성의 수준을 높이고 끈적거림이 심할 때는 합성세제로 바꾼다. 지독한 오염에는 뜨거운 물에 합성세제를 희석하여 담그면 찌든 때가 쉽게 풀어진다.

닦는다…마무리 건조가 중요하다. 물기를 닦으면 새로운 오염이 묻지 않는다.

어떤가? 매일 간단하게 꾸준히 청소해보자. 반짝반짝 윤이 나는 키친에서 기분 좋은 시간을 보내자.

스프레이는 물걸레질을 하듯이
세스키 탄산소다 스프레이와 구연산 스프레이를 만들어두면 편하다.

column | 냉장고 다이어트

냉장고는 보기만 해도 즐겁고 설렘을 안겨주는 보물상자다. '오늘은 어떤 요리를 만들까' 행복이 시작되는 공간이다. 하지만 너무 가득 채워져 있거나 더러우면 자칫 스트레스의 주범이 되기 십상이다.

냉장고를 여닫는 횟수는 하루 평균 35회라고 한다. 집안에서 이렇게 자주 사용하는 물건은 냉장고가 유일할 것이다. 따라서 냉장고를 어떻게 관리하느냐는 부엌일의 가장 중요한 포인트다. 냉장고 안쪽의 식재료를 전부 꺼내 오래된 것은 없는지 체크하고 정리하길 권한다.

유통기한이 훌쩍 지난 조미료, 언제 만들었는지도 모를 반찬 등이 숨어 있을 수 있다. 이렇게 먹어보지도 못하고 버려지는 음식물은 돈으로 환산하면 한 가정당 월 3만원 정도라고 한다.

낭비를 없애기 위해서는 정기적으로 확인할 필요가 있다. 냉장고 안 내용물은 수시로 바뀌고 며칠만 방치해도 오염되기 때문에 정돈된 상태를 유지하려면 꾸준한 노력이 필요하다. 다이어트에서 요요현상이 오지 않도록 주의하는 것과 비슷하다. 우선 각자 식생활에 맞는 양을 파악하고 냉장고 안의 식재료가 모두 '보인다'는 원칙으로 배치해보자.

냉장고는 물건을 장기간 보관하는 곳이 아니라 하루나 이틀 잠깐 거쳐가는 곳이라고 생각해야 한다. 냉장고에 들어온 식재료는 하루이틀 사이에 남김없이 소비한다고 여기자. 그렇게만 되면 냉장고는 열 때마다 기분 좋은 장소가 된다. 장보기-수납-요리의 흐름이 순조롭게 이어져 시간도 절약되고 요리도 즐겁고 생활도 여유로워진다. 냉장고는 가정 생활의 척도이자 기분 좋은 생활을 위한 시작점이다.

오노 다에코*

*라이프 오거나이저. 주부 경력 35년, 작가 경력 20년. 현재는 '행복한 냉장고 어드바이저'로서 '냉장고에서 시작하는 행복한 생활법'을 주제로 강좌, 워크숍을 개최하고 있다.

Part 3

Tips 123
살림의 지혜

장보기, 요리, 뒷정리, 수납, 재고 관리, 청소 등,

라이프 오거나이저가 실천하고 있는

아이디어와 노하우 대공개

*본문 괄호 안에 등장하는 '우좌' '좌좌' 등은 우세한 두뇌 타입을 인풋·아웃풋의 순서로 표기한 것이다.

마음에 드는 식기를 편하게 꺼낼 수 있는 식기장

식기장에 넣은 그릇은 자주, 잘 사용하고 싶다. 하지만 안쪽 식기를 꺼낼 때마다 앞쪽 그릇을 치워야 해 번거로웠다. 그래서 수납 위치를 바꿨다. 사용하고 싶은 식기를 언제든 간단히 꺼낼 수 있게 돼 편리하다.

아이다 마미코(도쿄·우우)

그릇과 커트러리

매일 사용하는 물건을 얼마나 편하게 꺼내고 넣는지가 관건!

매일 사용하는 접시는 가장 사용하기 쉬운 높이에 수납

매일 사용하는 식기는 키에 맞춰 가장 편하게 사용할 수 있는 서랍에 수납한다. 서랍을 열기만 해도 눈이 즐겁도록 흰 식기와 유리 식기만 수납. 3인 가족인 우리 집의 식기는 우선 3개로 시작한다. 사용해본 후 마음에 드는 식기는 손님용으로 3개 더 준비한다.

고바야시 에리코(싱가포르·우우)

색깔 있는 접시는 한데 수납

두 번째 서랍에 기본 접시 외의 모든 접시를 수납한다. 사용빈도는 그리 높지 않다. 옻칠한 그릇이 첫 번째 서랍의 유리 식기 속에 섞여 있는 게 싫어 이런 식으로 수납했다. 친구를 초대해 식사하는 걸 좋아해 예쁜 식기만 보면 탐낸다. 하지만 빨간색, 검은색, 비취색으로 제한하고 있다(비취색 접시는 다른 서랍에 손님용 식기와 같이 수납하고 있다). 옻그릇, 도자기, 유리, 소재는 무엇이든 좋다!

고바야시 에리코(싱가포르·우우)

둥근 식기와 네모난 식기

평소 식기를 용도별로 수납했는데 어디서 꺼냈는지 기억하지 못해 쓸 때마다 이쪽저쪽 서랍을 여닫았다. 그런 불편을 해소할 방법을 찾다가 식기 형태별로 분류했다. 둥근 그릇만 모아놓은 서랍과 네모난 그릇을 모은 서랍으로. 보기에도 좋고 공간활용도 더 잘되며 기분도 좋다! 작업시간도 대폭 줄었다.

무라타 마스미
(효고·우우)

플라스틱 트레이로 꺼내기 쉽게 수납

수납장의 깊이가 깊어 안쪽에 넣은 식기를 꺼내기 어려운 점을 해결하기 위해 플라스틱 트레이와 손잡이가 달린 플라스틱 케이스를 이용했다. 트레이를 당겨 쉽게 꺼내고 넣을 수 있다.

오자키 치아키(도쿄·좌좌)

꺼내놓는 수납으로 손쉽게 사용

요리를 할 때나 식사를 할 때 가장 자주 사용하는 것이 숟가락이다. 이처럼 사용빈도가 높은 물건은 조리대나 식탁 등 편리한 곳에 꺼내놓는다. 동작 하나로 아이도 꺼낼 수 있어 요리를 돕기도 하고 요리 중에도 쓰기 편하다.

우다카 유카(가나가와·우우)

쉽게 관리하는 손님용 젓가락

손님용 젓가락은 물기를 닦은 후 수납할 천에 한 벌씩 넣어둔다. 이렇게 하면 젓가락 종류가 많아도 선택이 쉽고, 손님이 왔을 때 이 상태로 내놓으면 자신이 맘에 드는 것을 골라 사용할 수 있다.

미키치에(도쿄·우좌)

식기세척기에서 꺼낸 그릇을 그대로 정리!

식기세척기가 큰 편이라 마른 식기를 수납장에 옮겨 넣는 것도 일이다. 평소 사용하는 식기는 수납장의 맨 위 2개의 선반에 넣기 때문에 건조 후 제자리에 서서 바로 정리가 끝난다.

우다카 유카(가나가와·우우)

인테리어와 조화되고 정리와 세팅도 편한 커트러리 수납

위쪽 선반부터 컵, 젓가락이나 커트러리, 조리 가전 도구 등을 수납한다. 식기세척기 맞은편에 위치하고 있어 몸을 돌리기만 하면 바로 정리가 가능. 커트러리를 사용할 때는 트레이째 식탁으로 옮긴다. 히니씩 세팅할 필요 없이 각지 자신이 사용할 것을 가저편하다. 트레이는 거실 바닥과 색을 맞춰 인테리어와 조화를 이루도록 했다.

와가바야시 유미코(오사카·좌우)

서랍 없는 식기장의 커트러리 수납

우리집 식기장에는 서랍이 없다. 커트러리를 어떻게 수납할지 고민한 끝에 작은 서랍장을 통째로 넣었다. 손님용을 포함해 모두 여기에 수납한다. 각각 사용하기 쉽게 나눠 평소 일일이 찾지 않아도 물건을 쉽게 꺼낼 수 있다.

나카시마 히로미(야마가타·좌좌)

프라이팬과 뚜껑은 파일박스에 수납

가스레인지 아래쪽 서랍에 파일박스를 넣고 프라이팬
과 뚜껑을 넣는다. 구획이 있어서 사용할 때 한 손으로
가볍게 꺼낼 수 있다. 파일박스는 다이소 제품.

이노우에 마사키(치바·좌우)

냄비와 볼
크고 무거운 것일수록 심플한 구조로 수월하게!

세트로 사용하는 것은 세트로 수납

냄비는 뚜껑과 함께 세트로 수납한다. 그대로 꺼내 사용할 수 있어서 조리가 훨씬 수월해
졌다.

하시모토 유코(히로시마·좌우)

스트레스 없는 가스레인지 아래의 수납!

바삐 요리할 때 필요한 것을 쉽게 꺼낼 수 없다면 짜증
이 난다. 가스레인지에서 사용하는 냄비, 조미료를 엄
선하고 쉽게 꺼낼 수 있도록 수납한 뒤부터 남편도 요
리를 하기 시작했다. 냄비나 프라이팬은 무인양품의 파
일박스에 세워 수납. 냄비 뚜껑은 시스템 키친의 칸막
이에 걸어 수납. 앞쪽 2단 스테인리스 선반 위에는 자
주 사용하는 계량스푼, 알뜰주걱, 냄비의 손잡이를, 선
반 아래에는 바믹스의 본체, 부속장치는 플라스틱 컵에
넣고 꺼내기 쉽게 만들어 스트레스 NO!

미타니 야스요(히로시마·좌좌)

한 손으로 꺼낼 수 있는 싱크대 아래 수납

싱크대에서 사용빈도가 높은 용품은 '쉽게 꺼내기'를 최우선해 수납했다. ㄷ자 선반을 사
용해 세로 공간을 구분하고 볼과 소쿠리 세트를 사이즈별로 수납하거나 세워서 겹치지 않
도록 했다. 요리 중 한 손으로 꺼낼 수 있고 쉽게 제자리에 놓을 수 있다.

고이도 도모미(사가·좌좌)

조리도구는 싱크대와 식기세척기 아래에 모두 집합

그릇과 모든 조리도구는 식기세척기를 사용하고, 조리 전에 한 번 물로 헹군다. 따라서 싱크대 아래에 모아놓고 한 번의 동작으로 처리한다. 냄비는 파일박스를 사용해 하나씩 뚜껑과 함께 수납한다. 허리를 굽히지 않고 동작 한 번에 쉽게 꺼낼 수 있다. 깊이가 깊지 않은 것을 사용해 냄비가 배수관에 닿지 않고 쉽게 나오게 했다. 100엔숍의 ㄷ자 선반에는 사용빈도가 높은 볼이나 소쿠리를 얹고, 그 뒤로는 도마를 넣는 공간을 만든다. 또한 자잘한 도구도 엄선해 한 번의 동작으로 꺼낼 수 있도록 수납. 물을 쓰면서 사용하는 것을 한데 수납하여 동선과 조리시간이 단축됐다.

도쿠마 미유키(니가타·좌좌)

싱크대 아래의 수납, 외관보다 사용빈도로!

이전에는 크기순으로 수납했는데 가장 많이 사용하는 것은 두 번째로 큰 사이즈였다. 아예 꺼내놓고 쓰던 시기도 있었다. 보이는 모양보다 사용빈도순으로 정리하니 꺼내고 넣기가 매우 쉬워졌다. 작은 볼을 밑에 받쳐 서서도 볼을 꺼낼 수 있다.

우에다 요코(도쿄·우좌)

자주 사용하는 냄비는 특등석에!

매일 사용하는 냄비는 여기에 있는 게 전부다. 사용빈도가 높은 것, 마음에 드는 것만 특등석에 놓고 쓴다. 안쪽에는 조미료 비축분과 냄비요리에 필요한 휴대용 가스레인지를 수납한다.

오가와 사오리(가나가와·좌좌)

소품을 넣는 서랍을 꺼내고 주방도구를 넣었다
어수선했던 가스레인지 아래의 서랍. 조미료, 프라이팬, 조리도구가 모두 수납되어 있어 움직이지 않고 조리할 수 있다. 무인양품의 '소품수납박스 6단'. 위에서 내려다보여 안정감이 있고 편리하다.

나이토 사토코(아이치·우우)

아이템마다 1개씩. 수를 줄인다
조리도구는 수를 줄인다. 기본은 아이템당 1개. 조리 중 신속하게 꺼낼 수 있어 스트레스가 없고 정리도 수월하다.

하시모토 유코(히로시마·좌우)

부드럽다/날카롭다
손에 들었을 때 촉감이 부드러운지 아닌지를 기준으로 분류한 서랍. 소재를 신경 쓰지 않고 감각을 기준으로 수납한다.

아오키 로미(오사카·우우)

조리도구와 소품
요리가 즐거워지는 멋진 수납

기능은 관계없이 색깔별로
감각과 외관을 중시하는 나. 실버, 블랙, 화이트를 길이와 색깔을 고려해 나만의 원칙에 맞춰 수납한다. 자주 쓰다 보니 색이나 형태가 머릿속에 인풋되어 있다. 기능이나 사용빈도보다 쉽게 꺼내 쓰고 한 번에 툭 집어넣을 수 있는 게 기본. 새것으로 바꿀 때도 이 색으로 선택하기 때문에 깔끔하다.

이테모토 아키(히로시마·우좌)

매일 사용하는 건 밖으로 내놓는다
마음에 드는 목제 도구는 창가에 세워 수납한다. 그리고 매일 사용하는 가위와 계량스푼도 세워서 수납한다. 사이즈나 소재가 다른 도구는 서랍에 넣어 보이지 않게 수납한다. 보기에도 좋고 실용성도 있는 작은 공간이다.

고바야시 에리코(싱가포르·우우)

예쁜 도시락을 만드는 소품을 수납
바쁜 아침시간에 도시락을 쉽게 만들도록 도시락 용품을 한곳에 모았다. 100엔숍 케이스에 색깔별로 분류함으로써 필요한 것을 쉽게 꺼낼 수 있고 보기에도 기분 좋다.

이부카 유코(치바·우우)

요리가 즐거워지는 모노톤

임대한 집이라 부엌이 맘에 들지 않지만 조리도구만큼은 마음에 드는 것을 선택해 요리를 즐기고 있다. 보기만 해도 미소가 나올 만큼 좋아하는 모노톤으로 통일.

나가시마 히로미(야마가타·좌좌)

국자나 집게가 엉키거나 쓰러지지 않게

국자나 집게를 함께 두면 엉키거나 쓰러진다. 벽에 걸면 기름이 튀거나 먼지가 묻어 청소가 어렵다. 그래서 가스레인지 아래에 수납한다. 고리당 하나씩 걸어 꺼낼 때도 엉킬 염려가 없다. 먼지 걱정 없이 사용하고 싶을 때 한 손으로 가볍게 꺼낼 수 있어 스트레스가 줄었다.

몬노우치 에리코(오사카·좌우)

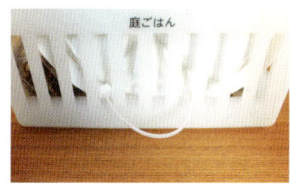

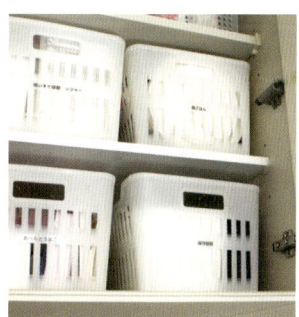

언제든 야외에서 식사할 수 있게

야외에서 바비큐를 할 때 필요한 컵, 접시, 나무젓가락을 한 바구니에 담았다. 바구니째 꺼내므로 누구나 도울 수 있다. 손잡이를 달아 꺼내기 쉽게 했다.

이노우에 미사키(치바·좌우)

도마는 창가에, 보이도록 수납

도마나 우드보드는 창가에 두고 있다. 조금씩 모으고 있는 실버 트레이와 접시도 보이는 수납으로. 치즈나 채소 등을 담을 때 사이즈에 맞춰 금방 선택할 수 있어 편리하다.

고바야시 에리코(싱가포르·우우)

IKEA 보관용기로 인테리어 효과를

조리에 자주 사용하는 소금, 설탕, 파스타, 분말 등은 IKEA의 용기에 담아 유성매직으로 라벨링했다. 인테리어 가게를 흉내 낸 'TODAY'S SPECIAL' 라벨링. 눈에 보이는 효과가 필요하다.

다카다 아이미(오사카·우좌)

보관용기
내용물이 보이게,
형태는 끼리끼리

한눈에 보이도록 타파웨어에 수납

- 조리 중 효과가 높아진다.
- 상부장 한 단에 모아놓아 한자리에서 꺼낼 수 있다.
- 밀폐력이 좋은 타파에 옮겨 담아 뚜껑만 열면 손쉽게 사용할 수 있다.
- 라벨링으로 누가 봐도 무엇이 어디에 있는지 곧 알 수 있다(우리집은 가족 모두가 좌좌).
- 라벨링하지 않은 타파를 하나 만들어둬 제자리가 없는 물건이 생기면 여기에 수납한다.

이와부치 사카에(도쿄·좌좌)

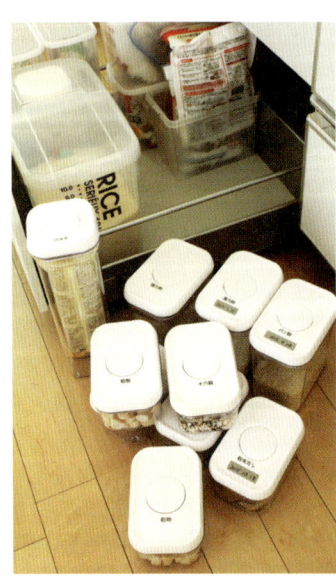

네모 보관용기로 공간 절약

박력분, 빵가루, 말린 식재료 등의 수납을 'OXO박스 팝업 컨테이너'로 통일. 네모난 통으로 통일하면 공간 낭비가 없다.

하시모토 유코(히로시마·좌우)

용기를 통일해 보기에도 깔끔!
투명 용기로 통일해 남은 양을 확인하고 비축분을 적절히 준비한다. 맛국물팩이나 다시마, 티백 등 매일 사용하는 것을 한 손으로 꺼낼 수 있어 스트레스가 없다. 아이도 꺼내기 쉬워 가족 모두가 돕는 시스템이 되었다.

오가와 사오리(가나가와·좌좌)

차나 말린 식재료는 타파로 수납
용기가 통일되면 기분이 좋아지는 우좌뇌 타입의 전형적인 수납이다. 타파는 모듈설계가 되어 깊이와 폭은 같고 높이가 여러 종류라 선택할 수 있다. 높이를 맞출 수 있어 보기에도 좋고 밀폐력이 좋아 차나 말린 식재료를 보관하고 있다. 무엇이 들어 있는지 알 수 있도록 라벨링.

마츠이 마리(도쿄·우좌)

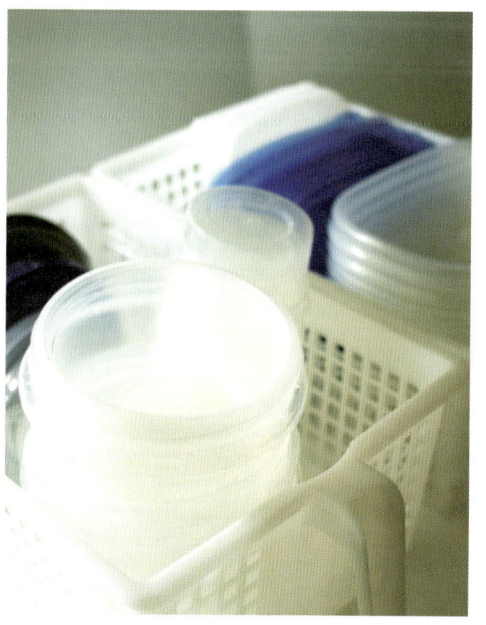

형태별로 분류하기
안이 보이는 흰색 플라스틱을 사용. 장방형의 용기는 주로 식사 준비용이고, 둥근 용기는 남은 물건을 보관한다. 뚜껑을 돌리는 타입으로 액체도 안심하고 사용한다. 가벼워서 손이 닿지 않는 장소에서도 편하게 꺼낼 수 있다.

고바야시 에리코(싱가포르·우우)

저절로 물기가 제거되는 용기
직장인이라 퇴근 후 저녁시간은 1분도 아깝다. 채소와 두부를 많이 먹고 싶은데 보관이 늘 고민됐다. 담기만 해도 저절로 물기를 없애는 이 용기는 우리집 필수품.

사토 미카(가나가와·우좌)

채소는 종이봉지에 넣어 관리

바구니 안에 쌀봉지를 넣고 기능과 비주얼을 겸한다. 쌀 포장용 종이봉지는 튼튼하고 통풍도 잘 되며 바구니가 더러워지는 것도 막는다. 마음에 드는 헝겊으로 덮어 조리대에 놓는다. 바로 보이기 때문에 재고 관리가 쉽다.

하나가키 시노(가나가와·우좌)

식품

정리와 보관, 비축분 관리, 버리는 음식 없애기

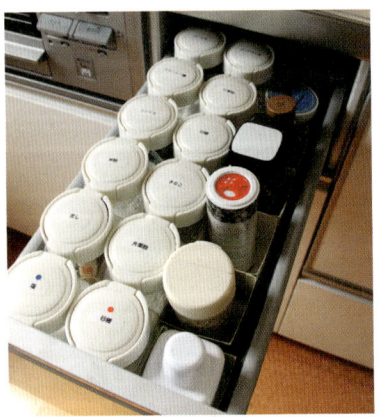

조미료는 프레시락에 일괄 수납

원래 장착되어 있는 칸막이를 없애고 프레시락을 사용해 조미료 수납공간을 만들었다. 우유팩을 잘라 각 공간을 만들어 서랍을 여닫을 때 쓰러지는 것을 방지했다. 조리하는 가스레인지 옆이라 편리하게 이용한다.

하나가키 시노(가나가와·우좌)

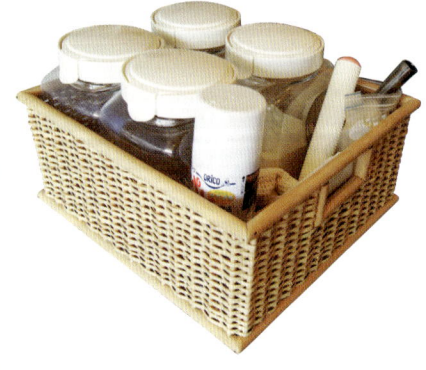

제빵용품은 한곳에

빵을 만들 때마다 여기저기 여닫는 게 성가셨는데, 사용하는 재료와 도구를 한 바구니에 담아 수납한 후 즉시 꺼내 작업에 착수한다.

우다카 유카(가나가와·우우)

달콤한 과자와 짭짤한 과자

과자는 구입 후 '단맛과 짠맛'으로 분류해 바구니에 보관한다. '달콤한 과자와 짭짤한 과자는 먹고 싶은 시간이 다르다'는 아이의 의견을 반영해 개봉/미개봉으로 나누지 않고 아이들에게 관리를 맡긴다.

이노우에 미사키(치바·좌우)

조미료는 꿀 담는 용기를 사용해 한 손으로 척척!

가루나 과립 조미료는 꿀 담는 용기에 넣어 사용한다. 싼 가격에 밀폐성도 높아 습해도 굳지 않는다. 설탕과 과립 맛국물도 스푼 없이 톡톡 넣을 수 있다.

나이토 사토시(아이치 · 우우)

사용하기 어려운 안쪽을 활용한 비상용품 수납

소품 수납박스의 안쪽 빈 공간에 비상용품을 수납한다. 여름에는 일주일에 생수 1~2병, 다른 계절에는 2~3개월에 1병 정도를 두고 외출할 때 이 물을 갖고 나간다. 서랍을 끌어내 사용하면 간단.

모리 마키(아이치 · 우우)

자석으로 캔과 병의 재고를 관리

비축해두는 캔이나 병은 자석을 사용해 양을 관리한다. 자석을 캔이나 병뚜껑에 붙이고 마지막 하나를 사용한다. 또는 새로 살 타이밍에 자석을 냉장고로 옮겨 붙인다(냉장고에는 타이머밖에 없어서 눈에 띈다). 원래는 가스레인지 맨 아래에 있는 캔 종류를 라벨링한 것이다(옆으로 수납하면 굴러다니기 때문에 세워서 수납했다). 설탕이나 소금, 시리얼의 비축분도 자석을 활용해 관리한다.

모리 마키(아이치 · 우우)

정량을 정한다
작은 냉매제는 케이스 2개에 넣을 정도를 정량으로 정했다. 케이스에 넣어두면 흐트러질 염려가 없다. '케이스에 넣을 수 있는 만큼'만 관리한다.
하시모토 유코(히로시마 · 좌우)

냉장고
기본은 일목요연. 가족 모두가 찾기 쉬운 레이아웃을

세워서 보관하면 맛있다! 포켓에 채소를
세워서 보관할 채소는 IKEA PRUTA에 담아서 냉장고 포켓에 세운다. 채소를 눕히거나 꺾지 않고 보관할 수 있는 데다 사용할 때 눈에 띄어 버리는 일도 줄었다. 음료는 아이가 꺼낼 수 있는 야채실에 넣는다.
가노 에츠코(가나가와 · 우좌)

'우·좌'인 남편을 위해 목제 트레이에
원래는 값싼 플라스틱 트레이를 사용했는데, 남편이 맛있는 밥도 맛없게 느껴진다고 말한 후부터 목제 트레이로 바꿨다. 트레이가 마음에 드는지 남편이 냉장고에서 직접 꺼내 식사하는 날이 많아졌다. 아름답지 않으면 도구가 아니라고 생각하는 남편 덕분에 보기 좋은 것으로 바꿨다.
무라타 마스미(효고 · 우우)

보냉제를 보관해 비상용으로 사용
무인양품 정리박스에 칸막이를 한 뒤 크기에 맞는 보냉제만 보관한다. 평소에는 상처 부위 등의 열을 식힐 때 사용하는데 긴급 상황을 대비해 많이 보관한다. 냉동실에도 보냉제가 있다.
모리 마키(아이치 · 우우)

한눈에 훤히 내려다보이게

제철 식재료나 균형 잡힌 영양소를 섭취하기 위한 수납. 환경과 경비 절감에도 효과적이다. 쇼핑을 가기 전 스마트폰으로 사진을 찍기만 해도 재구매할 물건을 알 수 있어 충동구매도 줄었다.

가지 에리코(도야마·좌우)

냉동실 수납은 일목요연하게

냉동할 고기나 채소는 용기에 넣어 세워서 수납한다. 내용물이 보이기 때문에 라벨링은 필요 없다. 구분이 어려운 아이템은 라벨링한다. 지나치게 꼼꼼해 보이지만 실은 매우 편리한 시스템이다.

사토 미카(가나가와·우좌)

야채실에 채소 외 식재료 수납

야채실 둘째 칸과 아래 서랍을 빼내 우리 집에 맞게 변형했다. 개폐가 수월하고 사용하기 쉽다. 셋째 칸은 야채실이지만 맥주를 보관하고 넷째 칸에는 쌀을 둔다. 뚜껑 위에 계량컵도 함께 수납.

기타오 마요코(도쿄·좌우)

'남편, 셀프로 부탁해요' 세트

귀가가 늦는 남편의 식사를 이전에는 냄비나 보관용기, 접시에 담아 냉장고에 넣어뒀는데 잊고 먹지 않거나 남아 상하는 일이 많았다. 이후 한 번에 먹을 수 있는 양만 트레이에 담고 나머지는 전자레인지로 데우면 되도록 했더니 남편에게 '왜 먹지 않았냐' '음식이 상했다'고 화낼 일이 사라졌다.

사도 미카(가나가와·우좌)

법랑용기 속 내용물을 알 수 있게 색깔 자석을!

법랑용기를 좋아하는데 내용물을 알 수 없어 불편함이 많았다. 그래서 식재료 색깔과 똑같은 자석을 부착했다. 냉장고만 열어도 어떤 음식이 담겨 있는지 알 수 있다.

기타오 마요코(도쿄·좌우)

트레이＋차 세트로
손님맞이가 수월

손님이 많은 우리집은 손님이 식사 준비를 돕기도 한다. 누구나 쉽게 도울 수 있는 시스템 덕분. 차받침과 컵을 세트로 트레이에 얹어 수납. 주둥이가 큰 컵도 위아래를 교차 수납하면 트레이 하나에 담을 수 있다. 깨지기 쉬운 유리잔은 눕힌 상태로 겹쳐 바구니에 수납. 알차게 수납할 수 있고 넘어질 위험도 없앴다. 트레이나 바구니째 꺼내면 준비도 수월하다.

기카무라 메구미(치바·우우)

손님 대접
누구나 돕는 시스템으로 요리하고, 먹고, 모이는 게 즐거워진다

'셀프로 부탁해요' 세트

트레이에 컵, 커피, 홍차, 밀크, 설탕 등을 놓고 트레이째 수납하고 있다. 손님이 오면 트레이를 꺼내 원하는 것을 골라 마시도록 한다. 편안한 분위기라 서로 부담없이 즐긴다.

'얘들아, 셀프로 부탁해' 세트

아이 친구들이 자주 놀러오기 때문에 바구니째 건네 스스로 준비하게 한다. 자신들이 사용할 그릇의 색을 정하고 사용한 뒤에는 원래 자리에 두기 때문에 아이 친구들이 자주 찾아와도 힘들지 않다.

사토 미카(가나카와·우좌)

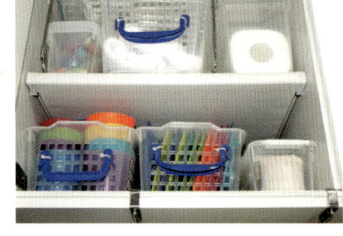

다툴 필요가 없는 남편의 저장 창고

퇴근할 때마다 먹을 것을 사오는 남편을 위해 전용 저장코너를 만들었다. 사온 물건을 놓을 곳이 없으면 짜증이 났는데 이 코너를 만들고 서로 편안해졌다. 이 공간만큼은 남편이 모든 걸 관리한다.

아이다 마미코(도쿄·우우)

아이의 시선에 맞춘 배치

아이의 성장에 맞춰 '자기 일은 스스로' '부엌일도 돕는다'는 기준으로 물건을 배치한다. 선반 맨 아래에 빵바구니를, 반대편엔 접시를 배치해 스스로 챙겨먹게 한다. 빵 준비는 5세 된 딸아이의 중요한 일과! 자연스럽게 부모를 돕는 습관이 생겼다.

가노 에츠코(가나가와・우좌)

스스로 할 수 있게, 아이도 엄마도 행복!

어린이용 조리도구는 혼자서도 꺼낼 수 있게 싱크대 아래 서랍 옆면에 넣어두었다. 수납장소를 바꾼 후부터 아이들이 부엌일에 의욕적으로 참여한다. 엄마는 아이를 지켜볼 수 있어 안심이 되고 아이도 엄마 일을 도울 수 있어 만족해한다.

가노 에츠코(가나가와・우좌)

아이가 도와주는 공간

식탁에서 가장 가까운 수납장을 아이가 식사 준비를 돕는 공간으로 만들었다. 모두 잘 보이는 장소에 두니 커트러리 옮기기나 후리카케 준비 등은 아이가 매일 직접 한다.

우다카 유카(가나가와・우우)

남편의 조리도구 세트

가스버너나 초밥 틀처럼 남편만 사용하는 조리도구를 한데 모아 바구니에 담았다. 바구니째 꺼내고 바구니째 다시 자리에 넣으면 끝. 쓰고 난 후 남편도 정리를 잘하게 됐다.

이노우에 미사키(치바・좌우)

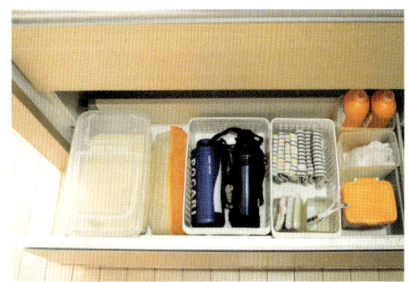

아이를 위한 쌀 세트

쌀 씻기나 물통 준비를 아이가 스스로 할 수 있도록 싱크대 아래 서랍에 넣었다. 부엌이 좁아서 서랍 왼쪽에 앉아 쌀을 푸곤 하는데 이때 오른손잡이 아이도 쉽게 하도록 쌀은 왼쪽 끝에 수납한다.

나카무라 가이코(효고・좌좌)

유리잔은 싱크대 바로 옆 선반에 수납
부엌 구조상 생긴 옆 기둥. 이 기둥 틈을 효과적으로 활용하기 위해 벽감 선반을 만들었다. 여기에는 자주 사용하는 유리잔과 머그컵, 계량컵을 놓는다. 꺼내기 쉽고 잔이 몇 개인지 한눈에 보인다. 유리잔의 수납공간을 줄여 식기세척기 공간을 확보했다.

하나가키 시노(가나가와·우좌)

숨은 공간 활용
여백이 있는 키친.
가로세로 낭비 없이 사용하자

행주걸이에 쟁반을 수납
전자레인지 위 KEYCA 행주걸이를 이용해 쟁반과 주방용 장갑을 수납. 행주걸이는 통상 세로로 설치하는데, 발상을 전환해 가로로 설치했다. 전자레인지에서 나오는 열도 견디고 2단 수납이 가능할 뿐 아니라 디자인도 심플하다.

미시마 에리코(가나가와·좌우)

선반을 달아 스트레스를 없앤다!
사용빈도가 높은 물통이나 비닐팩 등을 파일박스에 세워 수납하고 있는데, 선반을 달아 단마다 세분하여 수납한 덕분에 동작 한 번으로 꺼낼 수 있다. 추가용 선반과 다보는 홈센터에서 구입했고 선반은 사이즈에 맞춰 주문했다. 사용하던 선반과 다보를 가져가서 오차를 없앴다.

오다케 미카모(가나가와·우좌)

전자레인지와 전기밥솥 위 공간 활용
중앙에 조립용 선반을 둬 전자레인지와 전기밥솥을 올렸다. 이 공간은 한쪽에만 벽이 있고 다른 한쪽은 냉장고다. 전자레인지 위 공간을 활용하고 싶어서 세로로 버티는 타입을 이용. 새로 생긴 공간에는 손잡이가 달린 바구니를 넣고 보관용기와 커피, 차 등을 보관한다.

가네시게 치즈루(후쿠오카·우좌)

L자형 수납, 프라이팬 수납으로 해결!

L자형 수납법을 고민하는 사람이 많은데 나는 싱크대 아래에 프라이팬 전용 L자형 수납함을 이용한다. 랩이나 파스타통 등 키가 큰 것에 최적. 안까지 사용할 수 있어 활용도도 그만이다.

미시마 에리코(가나가와 • 좌우)

갑자기 생긴 물건에도 당황하지 않는다

상부장의 손이 닿는 부분은 요긴하게 쓰이지만 손이 닿지 않는 윗단은 텅 비어 있다. 여기는 갑자기 생긴 과자나 선물세트를 잠시 수납하는 곳으로 활용한다.

미나카다 사치코(히로시마 • 좌우)

효율 UP으로 기분도 UP! 작업대 앞의 선반

가급적 물건이 보이지 않는 부엌을 선호하지만 사실 조리할 때 불편하다. 그래서 생각한 것이 이 선반. DIY로 중간에 선반을 추가로 달아 자주 사용하는 키친용품을 수납했다. 요리를 하지 않을 때는 커튼을 닫아 가린다. 커튼을 열면 요리가 하고 싶어지는 '스위치' 역할을 한다.

미야자키 리카(효고 • 우우)

사용이 불편한 L자 싱크대, 케이스에 넣어 끌어당긴다

L자형 주방 코너는 사용이 불편해 플라스틱 트레이를 이용했다. 서랍처럼 사용하면 안쪽 공간까지 효율적으로 활용할 수 있다. 보이지 않는 안쪽에는 용기에 담지 못한 조미료 비축분과 비상용 음료수를 비치. 문 안쪽에는 마스킹 테이프에 메모를 해 조미료가 떨어지기 전에 준비한다.

니쿠라 아키코(도쿄 • 우좌)

기존 수납대를 떼고 새롭게

L자형 주방 코너에 설치돼 있던 회전식 수납대가 불편해 떼어냈다. 대신 스틸선반을 2개 설치해 냄비를 수납하는데 압력솥처럼 큰 것도 거뜬하다. 벽엔 고리를 달아 냄비 뚜껑을 걸어둔다. 문 안쪽엔 철망을 부착해 냄비 손잡이, 압력솥 추, 채칼 등 잡다한 것들을 모두 수납. 선반 지지대에 전자제품 코드를 건다. 냄비를 꺼낼 때 몸을 구부려야 하는데 운동으로 여긴다.

니시노 가오리(오사카 • 좌좌)

왜건 선반
원하는 위치에 놓고
이동도 편하다

무인양품 유닛선반이 아일랜드 식탁으로

거실에서 훤히 보이는 주방은 안정감이라곤 없어 불만이었다. 방이 좁아서 큰 식기장을 놓을 수도 없고 요리할 작업대도 필요했고 쓰레기통도 숨기고 싶었다. 이 모든 조건을 충족하면서도 차가운 느낌도 완화해줄 수 있는 무인양품 유닛선반으로 아일랜드 식탁 설치.

이토 사토미(아이치 · 좌좌)

식탁 옆 왜건

이전에는 커트러리나 후리카케가 싱크대에 있어 밥을 먹을 때 아이가 "엄마 ○○ 주세요" 하는 것도 스트레스였다. 이후 이 왜건에 필요한 것을 담아 식탁 옆에 두니 일일이 일어서지 않아도 돼 편리하다. 식탁에 앉는 사람이 많아지면 왜건을 이동시키면 된다.

도이 유키코(홋카이도 · 우좌)

무인양품 유닛셀프로 식기건조대를

식기의 물기를 빼낼 공간을 찾던 중 싱크대와 조리대 공간을 넓게 쓰고 싶어서 무인양품의 유닛셀프를 싱크대에 넣고 식기건조대 바구니를 설치했다. 맨 아래는 설거지가 끝난 식기의 물을 빼는 용도, 위는 물통이나 도시락 등 장시간 말려야 하는 것으로 구분해 사용한다.

이토 사토미(아이치 · 좌좌)

들쭉날쭉하지 않게 깔끔한 왜건

식기와 전자제품을 수납하고 싶어 구입한 에릭타 선반과 왜건. 왜건을 사용하지 않을 때는 선반과 일체감이 느껴지도록 두고 사용할 때만 끌어낸다. 필요하면 식사할 때 전기밥솥을 얹은 채로 식탁 옆까지 이동할 수 있어 편리하다. 십수 년 동안 이사를 많이 했는데 어떤 부엌에서도 대활약.

이와사키 고즈에(홋카이도·우우)

주방가전

필요할 때 바로 사용할 수 있게 접근성을 높이자

성가신 뚜껑도, 칸막이도 필요없다

원래 자주 사용하는 반죽기이지만 구입 당시 부품과 뚜껑이 달린 수납케이스가 딸려왔다. 그런데 뚜껑을 여닫기도 번거롭고 부품 하나하나 칸칸이 넣는 것도 귀찮다 보니 반죽기를 사용하는 것 자체가 싫어지고 말았다. 이렇게 그냥 놓기만 하면 되는 용기로 대체하니 반죽기 사용이 훨씬 편해졌다.

사토 미카(가나가와·우좌)

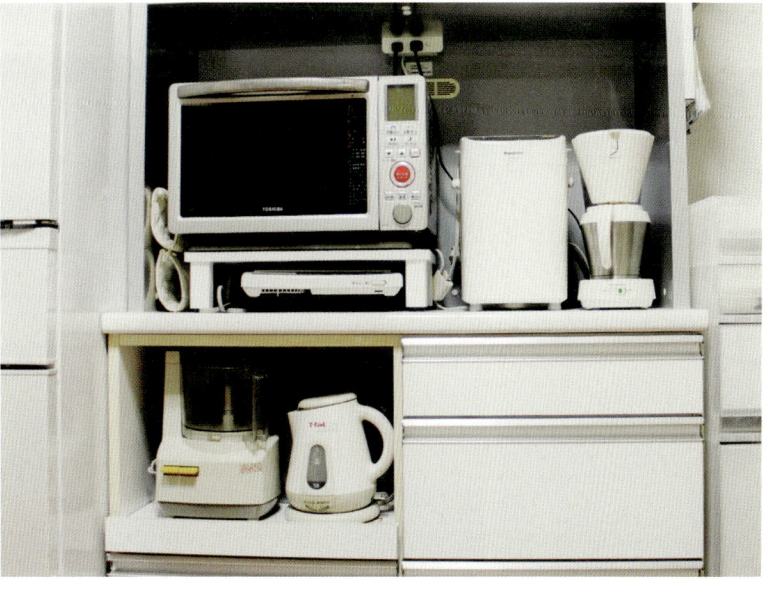

쓰레기통은 무인양품 박스, 문 높이에 맞춰
무인양품의 부드러운 PP 바구니를 쓰레기통으로 사용하고 있다. 부엌의 어떤 문에도 부딪히지 않는 장소는 식기세척기 앞 아래 30cm 높이까지였다. 이 쓰레기통은 높이가 26cm로 문을 여닫아도 상처가 나지 않고 손잡이도 있어 청소도 간단하다. 존재감도 크지 않기 때문에 3개를 준비해 일반 쓰레기, 다칠 위험이 있는 쓰레기, 재활용 등으로 나눴다. 쓰레기가 얼마큼 쌓였는지 한눈에 보여 깨끗하게 관리된다. 쓰레기통이 꽉 차면 가족 누구라도 쓰레기통을 치우고 그때마다 물로 닦아 청결을 유지한다.
사누키 미네코(도쿄·우우)

쓰레기
쾌적한 부엌이라면 쓰레기 관리 시스템이 필수

그림을 붙여 아이가 좋아하는 분리 쓰레기통
학교에 제출하는 재활용 쓰레기는 부피가 크기 때문에 수납하기 쉽지 않고 가져가는 타이밍을 놓치면 처치 곤란하다. 팬트리 입구에 IKEA 쓰레기상자를 설치하고 아이템별로 분류했더니 효과 만점! 수납장소가 정해져 있고, 상자가 가득 차면 가져간다는 기준으로 쾌적하다. 종이에 일러스트를 직접 그려 붙였더니 아이들이 스스로 확인하고 가져간다.
무라타 마스미(효고·우우)

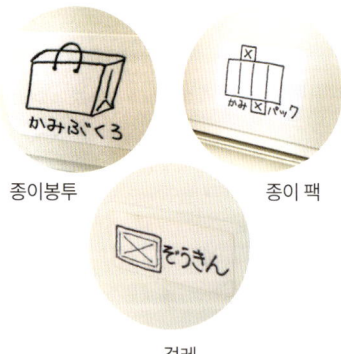

쓰레기봉투는 사용할 때만
부엌엔 쓰레기통을 두지 않고 개수대 고리(IKEA)에 지정 쓰레기봉투를 걸어 사용한다. 냄새를 막기 위해 사용 후에는 바깥 쓰레기통으로 옮긴다. 봉투가 공중에 떠 있어서 로봇청소기의 움직임을 방해하지 않는다.
이노우에 미사키(치바·좌우)

종이봉투　　종이 팩

걸레

쓰레기통은 하나!
안에 고리를 달아 2개로 분류

쓰레기통 안에 고리를 달아 분리수거를 한다. 고리에 색이 다른 그림 스티커를 붙여 구분했다. '이 쓰레기는 노란색 스티커에!'라고 말해주면 아이도 쉽게 분류한다.

가노 에츠코(가나가와·우좌)

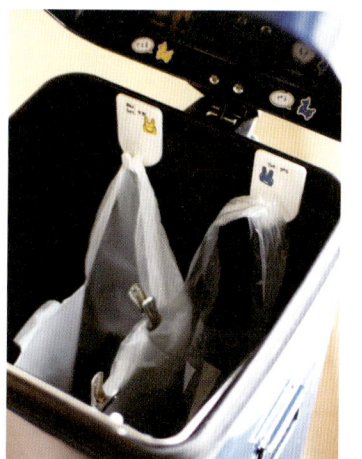

조리 중 두 종류 볼에 즉시 분류

같은 크기의 작은 볼을 2개 나란히 놓는다. 한쪽에는 비닐을 넣고 채소 찌꺼기를 버리고 다른 한쪽은 소쿠리를 놓고 캔이나 플라스틱의 물기를 제거하는 데 사용한다. 매일 뒷정리 후 깨끗이 닦아 보관.

사토 사토미(아이치·좌좌)

쓰레기봉투를 걸기만 해도

쓰레기통 청소는 은근한 스트레스. 그래서 청소할 대상을 없애버렸다. 비닐봉투 전용 거치대를 사용한 적도 있지만 바닥 청소를 할 때 걸리적거려 지금처럼 문고리에 비닐을 걸어 사용한다. 내겐 이것이 가장 편한 방식.

아이다 마미코(도쿄·우우)

발로 꺼낼 수 있는 쓰레기통

싱크대 아래 문을 떼어내고 아래쪽에 슬라이드를, 그 위에 손잡이를 달았다. 발로 당겨 쓰레기는 쉽게 처분하고 겉으로 드러나지 않게 고안한 방법.

고토 구니에(사이타마·우우)

지자체가 지정한 쓰레기봉투를 그대로 걸어서

지자체가 지정한 쓰레기봉투에 구멍을 뚫어 고리에 걸었다. 여기서 중요한 건 S자 고리가 아니라 무인양품의 흔들리지 않는 고리를 썼다는 점. 1장씩 빼 쓸 수도 있지만 나는 1장씩 뜯어 쓰고 있다. 10리터 용량을 주로 쓴다.

모리 마키(아이치 · 우우)

스트레스 없는 쓰레기 버리기

부엌이 통로에 있어서 통행에 방해가 되지 않도록 싱크대 아래에 설치했다. 뚜껑을 열면 닫히지 않는 상태가 돼 한 손으로 이용이 가능하다. 쓰레기통도 물로 세척할 수 있어 위생적. 음식물 쓰레기는 비닐봉지에 넣은 후 묶어 담기 때문에 냄새도 걱정하지 않는다. 다른 하나는 쓰레기봉투를 담아두고, 쓰레기통 위 바구니에는 연소용 봉투를 두고 바로바로 꺼내 쓴다.

스즈키 도모코(도쿄 · 우우)

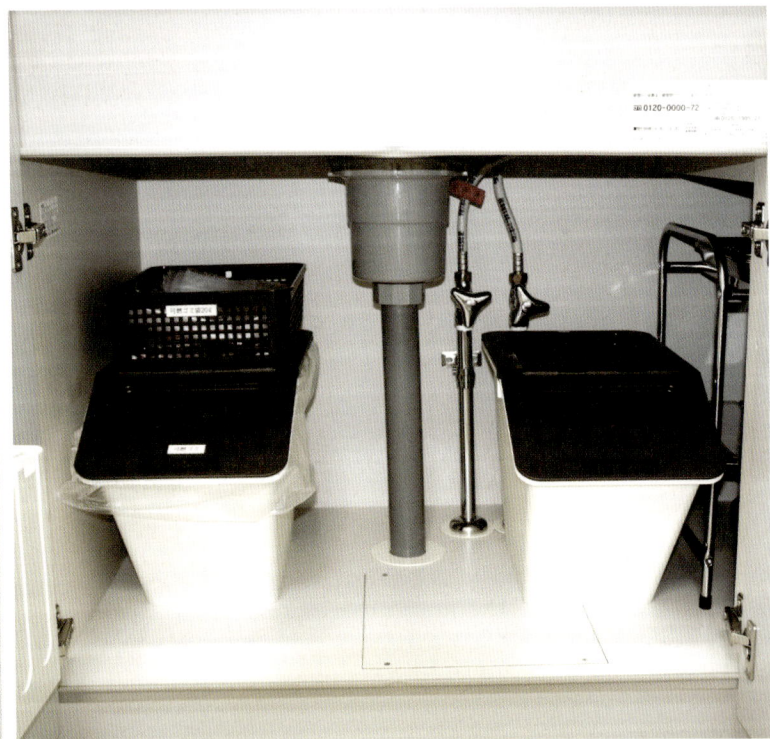

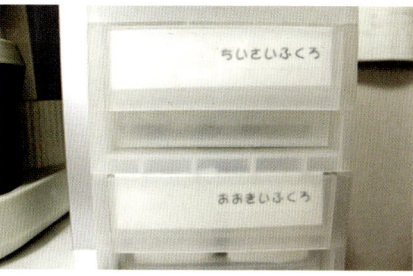

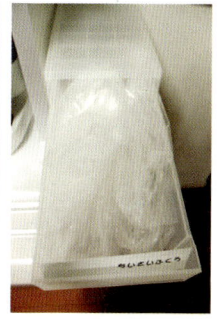

심플하고 아담한 쓰레기통

방에 잘 어울리는 심플하고 아담한 쓰레기통을 원했는데 좀처럼 찾지 못했다. 그러다 발견한 무인양품의 식품 수납장. 적당한 크기라 쓰레기통으로 애용하고 크기도 작아 무의식 중에 쓰레기 양을 줄이게 된다. 더러워지면 싱크대에서 물로 닦을 수 있어 관리가 쉽다.

사토 미카(가나가와·우좌)

부드럽게 당겨 쓴다

우리집 쓰레기통은 부드럽게 당기는 스타일. 바퀴를 달면 쓰레기통 높이가 높아져 공간이 좁아진다. 매끄러운 시트를 쓰레기통 바닥에 붙였더니 부드럽게 당기고 바닥에도 상처가 나지 않는다.

기바 메구미(사이타마·좌우)

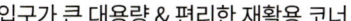

입구가 큰 대용량 & 편리한 재활용 코너

쓰레기통은 대개 원통형인 데다 쓰레기봉투 크기와 맞지 않아 스트레스가 심했다. 이 쓰레기통 홀더(야마사키 실업 루체 분리쓰레기봉투 홀더)는 매우 간편하면서도 쓰레기봉투를 남김없이 사용해 만족스럽다. 뚜껑에는 종류와 수거일을 라벨링했다.

다카사토 유코(시가·좌우)

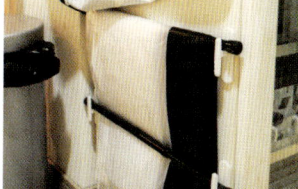

한 손으로 꺼내는 쓰레기봉투 보관소

100엔숍에서 압축봉 2개와 커튼 문고리를 사 쓰레기봉투 보관소를 만들었다. 아래 압축봉이 봉투를 눌러줘 한 손으로 꺼내도 다른 봉투가 딸려 나오지 않는다. 예쁜 천으로 가려 눈에 띄지 않고 쓰레기통 옆에 설치해 봉투 교체도 쉽다.

나카무라 가이코(효고·좌좌)

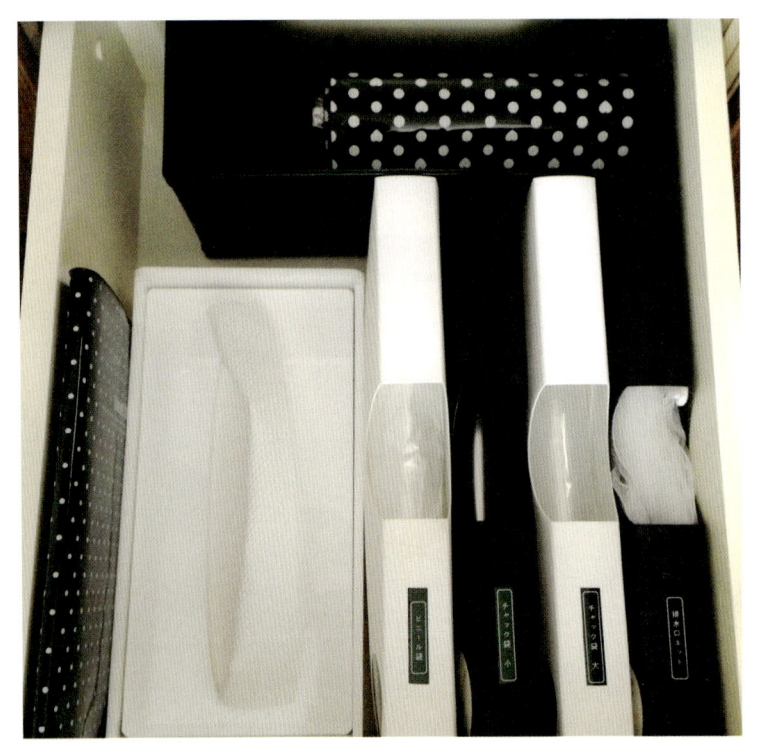

비닐봉지를 멋진 소품으로 바꾸는 모노톤 수납

부엌에서 가장 많이 쓰는 소모품이 비닐봉지와 배수구망이다. 번들거리는 생활감이 싫어 모노톤으로 수납케이스를 바꿨다. 서랍을 열 때마다 좋아하는 색도 보고 쓰기도 간편해 집안일도 즐거워졌다.

나카시마 히로미(야마가타·좌좌)

말아 넣고 쉽게 빼서 쓴다

비닐봉지는 쓰기 편하지만 매번 한 장씩 접는 건 무리다. 냉장고에 붙인 앙증맞은 상자에 말아서 집어넣으면 끝. 박스가 가득 찰 때까지만 수납한다. 양이 정해져 있어 굴러다니지 않고 가족도 비닐봉지가 생기면 말아서 여기에 넣는다.

니쿠라 아키코(도쿄·우좌)

비닐봉지와 지퍼백

비닐봉지, 봉투류
깔끔하게 수납하는 법

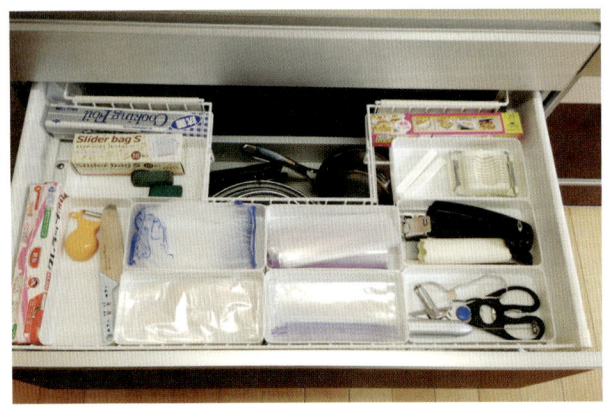

젖은 손으로도 꺼낼 수 있는 수납

비닐봉지는 조리 중에 사용할 일이 많은데, 꺼낼 때 상자가 물에 젖는 단점이 있었다. 그래서 포장에서 꺼내서 수납한다. 종류별로 나눠 싱크대 아래 서랍에 넣었다. 한눈에 보이고 젖은 손으로도 꺼낼 수 있어 만족한다.

무라타 마스미(효고·우우)

서랍 없이도 꺼낼 수 있는 랩 & 재고 관리

싱크대 한쪽에 무인양품의 PP케이스를 넣고 윗서랍을 뺀 자리에 랩, 알루미늄 호일, 쿠킹시트를 넣었다. 문을 열면 바로 꺼낼 수 있다. 아래 서랍에는 비축용 팩이나 비닐봉투를 넣는다. 케이스 왼쪽 빈 공간에는 비축분을 1개씩 두고 비면 바로 보충한다.

시타무라 사나미(가나가와 · 우좌)

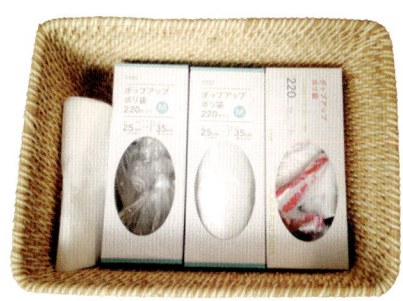

빈 상자에 재활용 비닐을 넣는다

한번 사용한 비닐봉지를 다시 쓰기 위해 원래 비닐봉지가 들어 있던 빈 상자를 이용한다. 둘둘 말아서 상자 안에 집어넣으면 끝. 적정량이 넘치면 처분한다.

이토 사토미(아이치 · 좌좌)

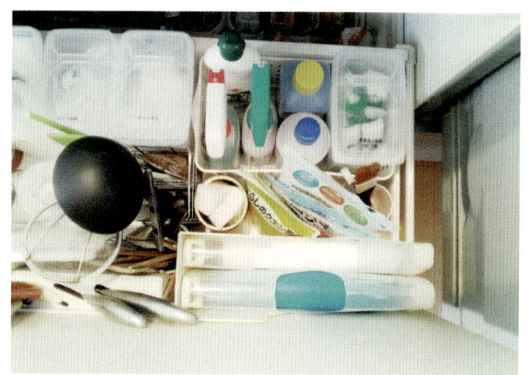

쏙 뽑아내고 청소까지

100엔숍에 있는 지퍼형 파일케이스에 구멍을 뚫고 두꺼운 종이를 가운데 끼운 뒤 반으로 접은 쓰레기봉지와 배수망을 넣어 수납. 열린 구멍으로 쏙 뽑으면 비닐봉지가 나오는 방식. 주변에 청소도구를 수납, 매일 배수망을 교환하고 청소해 주위가 늘 깨끗하다.

시타무라 사나미(가나가와 · 우좌)

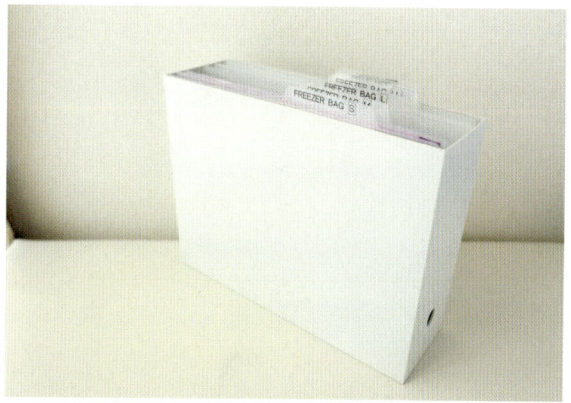

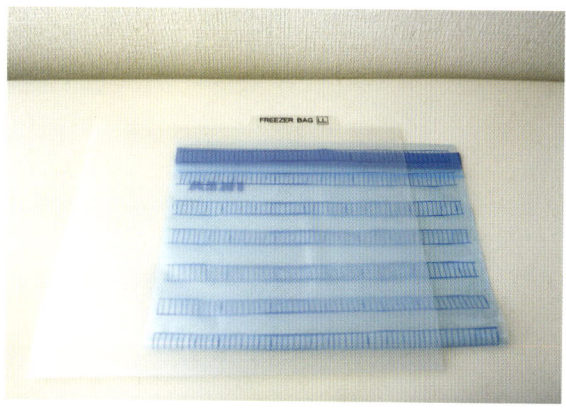

서류용 폴더로 냉동팩 수납

둘둘 말아 상자에 넣은 냉동팩은 그대로 사용하면 여러 장이 한꺼번에 나오거나 상자가 찢어져 스트레스였다. 그래서 서류용 개별 폴더에 끼우는 간단수납으로 해결. 사이즈가 다른 팩이나 배수망, 신문지 등 싱크대 주변에서 사용하는 것은 폴더에 끼워 파일박스에 넣는다. 개별 폴더는 PP제를 사용하고 있어 싱크대 주변에서도 안심이다. 끼워 넣기도 빼기도 쉬워 스트레스가 없다.

이테모토 아키(히로시마 · 우좌)

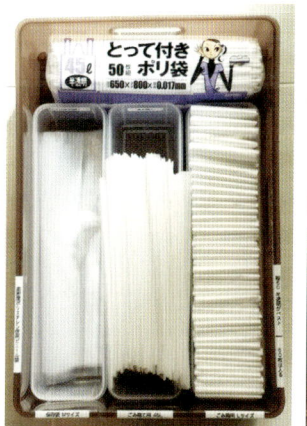

가족 누구라도 간단하게 버릴 수 있게

쓰레기봉투를 산 뒤 한가한 시간에 미리 접어둔다. 1장씩 구분해 사용이 편하다. 장볼 때 사용한 봉투는 그냥 둘둘 말아 다음에 사용한다. 이렇게 하니 가족 모두 쓰레기 처리에 부담을 갖지 않게 됐다.

다나카 치즈코(가나가와 · 우좌)

집게로 집어 건조
스펀지는 사용한 뒤 꼭 짜 압축봉에 건 집게로 집어 말린다. 창가라 바람이 잘 통해 바짝 말릴 수 있다. 스펀지 아래에 설거지용 세제를 둬 동선을 단축한다.

가노 에츠코(가나가와·우좌)

숨은 공간에 키친타월을
상부장의 움푹 파인 공간에 압축봉을 걸고 키친타월을 달았다. 키친타월을 가장 많이 사용하는 곳으로 필요할 때마다 쉽게 뜯어 사용할 수 있다. 움푹 들어가 있어 밖에서도 눈에 띄지 않아 깨끗하다.

하라다 히로마(효고·우좌)

잡화와 청소
자잘한 집안일이 쉬워야 하루가 즐겁다

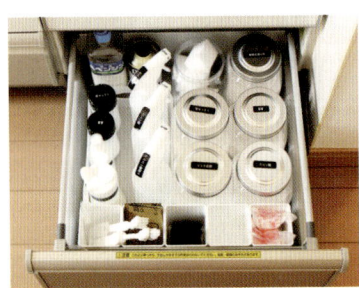

청소도구 세트
싱크대 아래 서랍에 청소도구를 한데 수납하고 보이는 곳에 라벨링을 했다. 스프레이는 무인양품 제품. 알루미늄 뚜껑의 용기는 세리아 제품.

이노우에 미사키(치바·좌우)

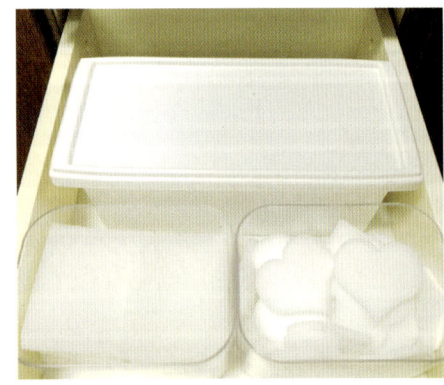

하기 싫은 청소도 하트로 기분 좋게
청소를 싫어하지만 부엌 청소는 피해갈 수 없다. 궁리 끝에 기왕 하려면 즐겁게 하자는 생각으로 하트 모양의 멜라닌 스펀지를 애용한다. 스펀지가 귀여워 하기 싫은 청소 시간도 즐거워진다.

나가시마 히로미(야마가타·좌좌)

프린트 종이가 눈에 띄지 않도록
아이들의 학교 행사표, 과제물, 준비물, 당번표 등 필요할 때에
즉시 확인할 수 있도록 상부장 문 안쪽에 붙였다.

사토 미카(가나가와 · 우좌)

요리 레시피를 모은 파일
요리 레시피를 소고기, 돼지고기, 닭고기, 생선 등 키워드로 구
분해 파일박스에 나눠 수납한다. 자주 만드는 레시피와 도전해
보고 싶은 레시피로 나눠져 있어 찾기 쉽다. 요리 중 젖은 손으
로 만져도 되도록 비닐 포켓에 넣었다.

가이 유코(사가 · 우우)

프린트물

요리할 때나 정리할 때
젖은 손이어도 OK

세 아이의 학교 프린트물을 작은 공간에서 관리
냉장고 옆면에 세 아이들의 프린트물을 모두 걸어두고 양면을 확인할 수 있도록
집게로 집었다. 한꺼번에 체크해 준비물을 챙기거나 질문할 때도 활용한다.

기타무라 메구미(치바 · 우우)

접이식 물기 제거 선반

식기나 뿌리채소 물기를 뺄 때, 삶은 채소를 식힐 때 좋다. 가볍게 올려놓기만 하면 돼서 부엌 구조와 상관없이 어디에서나 사용할 수 있다. 말려서 관리하는 심플한 디자인. 사용하지 않을 때는 말아서 수납한다. IKEA 제품.

에구치 아키코(아이치·우우)

편리한 제품

라이프 오거나이저가 추천하는
필수 아이템 8

프리미엄 시리즈 강판 MP0611

이 강판으로 생강을 갈면 섬유질이 남지 않을 만큼 깔끔하게 갈아져 감동적이다. 파르메산 치즈도 포슬포슬하게 갈린다. 스펀지로 쓱 닦으면 돼서 관리도 쉽다. IKESHO 제품. www.ikesho.co.jp

오다케 미카코(가나가와·좌우)

Daloplast Storage Square 컨테이너 / 런치박스

보관용기의 필수조건은 내용물을 볼 수 있는 투명성. 안이 보이지 않을 때 상해서 버린 음식이 꽤 됐는데 이걸로 바꾸고 그런 일이 없어졌다. 네모난 모양에다 겹쳐 쓸 수 있어 공간 낭비가 없다. 흰색을 애용한다. 라쿠치나펠리스 제품. www.lacucinafelice.com

스즈키 나오코(가나가와·우우)

곡물 컨테이너
이 용기의 가장 큰 장점은 원터치 개폐가 가능하다는 점이다. 조리 중에는 손에 뭐가 묻어 있을 때가 많은데 손을 닦지 않고도 열 수 있어 편리하다. 겹쳐 수납할 수 있어 눈도 즐겁다. OXO 제품.
www.oxo.com
오다케 미요(도야마 · 우우)

고품질 거품 클리너망 5개 세트
블랙 컬러라 더러움을 타지 않고 식기의 오염은 물론 스펀지 자체 오염에도 강하다. 두껍지 않아서 손에 쏙 들어온다. 와이즈 제품.
www.wakog.com
모리 마키(아이치 · 우우)

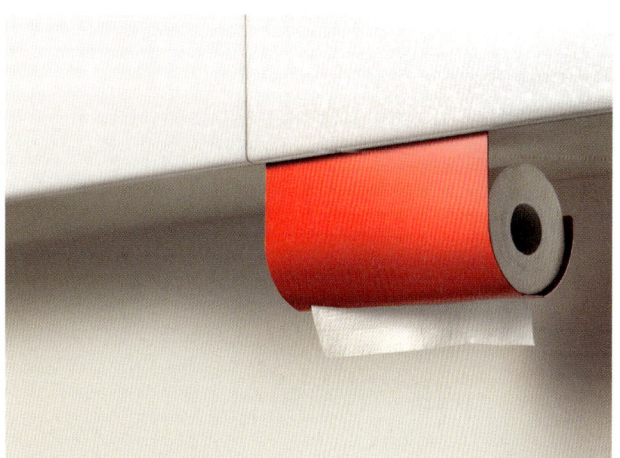

실리콘 조리 스푼
국자와 나무주걱의 장점을 그대로 가져와 양념장, 볶음요리, 데치기 등 조리부터 옮겨 담기까지 알뜰하게 사용하는 만능 스푼. 색이 짙어 변색 걱정이 없고 냄비나 프라이팬에도 상처를 주지 않는다. 보기에도 우아해서 부엌을 세련되게 만들어주는 제품이다. 무인양품 제품.
마츠바야시 나호코(치바 · 좌우)

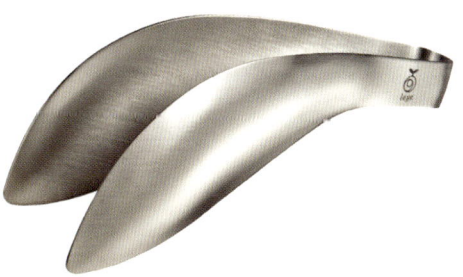

leye 집게
스테인리스 제질에다 이음새도 없어 청결하다. 날카로운 쪽은 샤브샤브 고기나 슬라이스 햄을 한 장씩 집을 수 있을 정도로 정교하다. 튀김요리를 할 때도 손에 아무것도 묻지 않는다. 옥스 제품.
www.aux-ltd.co.jp
기무라 요시코(오사카 · 좌우)

UCHIFIT 키친타월 걸이
키친타월을 걸어두면 공간을 차지하고 먼지가 묻어 신경이 쓰였다. 세련된 디자인의 이 제품으로 고민 해결. 한 손으로도 잘 뜯어지도록 돼 있다. 옥스 제품 .
오타키 아유(니가타 · 좌우)

선술집에서 배운 초간단 요리

선술집 메뉴는 초간단 요리의 훌륭한 예다. 냉두부, 깍지콩, 큰실말을 비롯해 토마토, 오이, 나토가 빠지지 않는다. 감자, 단호박, 뿌리·잎채소는 삶기만 하면 끝. 채소 전반, 육류, 어패류는 그릴에서 굽기만 하면 끝. 맛 내기도 소금이나 간장, 질 좋은 조미료만으로 쉽게 한다. 아이에게 재료 본연의 맛을 알게 하니 교육상으로도 좋다. 바쁜 워킹맘에겐 안성맞춤.

다쿠마 미유키(구마모토 · 우좌)

인스턴트 대신 엄마 맛 냉동 작전!

요리할 시간이 부족한 워킹맘이라 평소 음식을 넉넉하게 만들어 냉동해둔다. 카레나 미트소스, 하이라이스는 한 번에 두 배를 만들어 냉동하고 도시락용으로 삶은 톳이나 계란프라이도 냉동한다. 인스턴트나 냉동 가공식품 대신 엄마가 만든 음식을 먹이고 싶은 마음에 시작한 냉동 작전.

마츠이 마리(도쿄 · 우좌)

초간단 살림 노하우 13

한 번 수고로 두 번 맛있다!

손질을 끝낸 재료를 다 쓰지 않고 절반은 남겨두었다가 다음 날 다른 요리에 사용한다. 예를 들면 오이는 얇게 썰어 소금에 살짝 절인 후 첫날은 감자샐러드에, 남은 것은 다음날 미역과 식초를 넣어 먹는다. 한 번 수고로 두 번 요리할 수 있고 메뉴도 많아져 일석이조.

오자키 치아키(도쿄 · 좌좌)

물에 푼 녹말가루로 그릴 청소가 간단

300ml의 물에 녹말가루 4큰술을 받침접시에 풀고 생선을 굽는다. 식으면 녹말가루가 굳어 가볍게 벗겨지는데 세제로 씻어 잘 헹구면 끝. 손이나 스펀지에 생선 냄새가 배지 않고 무엇보다 굳은 녹말가루가 톡톡 벗겨지는 재미가 있어 그릴 청소가 힘들지 않다.

기무라 미유키(아이치 · 좌우)

생선을 구운 후 냄새 없애는 방법

입맛에 맞지 않아 보관만 해두던 선물받은 홍차잎을 그릴 접시에 물과 함께 넣는다. 생선을 굽는 동안 찻잎에서 향기가 올라와 비린내를 줄여준다. 차를 우리고 남은 찌꺼기, 허브티도 좋다. 그릴 접시가 차 빛깔로 물들긴 하지만 역겨운 냄새가 싹 사라진다.

구마타니 도모코(교토 · 우좌)

생선구이 그릴을 최대한 활용!

공간이 좁은 우리집에서는 생선구이 그릴을 튀김요리의 기름을 빼는 용도로도 사용한다. 그릴에 키친타월을 얹기만 하면 서랍식 기름 제거판으로 변신. 조리 후에도 별도의 닭은 그릇이 없어 편하다.

니쿠라 아키코(도쿄 · 우좌)

식기세척기를 활용한다

식기뿐 아니라 올록볼록한 바구니, 커트러리 스탠드, 도마대, 환기구 필터, 삼발이, 양치질용 컵, 칫솔 스탠드, 비누받침대 등 내열성이 강한 제품이라면 웬만한 건 다 닦을 수 있다. 찌든 때까지 말끔하게 제거되는 놀라운 효과.

기타무라 메구미(치바 · 우우)

다시 쓸 비닐팩은 '냉동실'로

식재료용 비닐팩은 재사용할 때 말리기 번거롭고 공간이 너저분해져 스트레스였다. 그래서 씻으면 겉만 닦아 냉동 보관한다. 쓸 땐 얼어붙은 내부 물기를 닦기만 하면 되고 주방도 말끔해 편리하다.

오야마 유노(도쿄 · 우우)

부침가루로 초고속 튀김

맞벌이 부부인 우리집은 평일 저녁마다 시간과의 싸움이다. 소금, 후추, 밀가루, 달걀 대신에 남은 부침가루를 이용한다.

잘 푼 부침가루에 고기, 새우 등의 식재료를 넣고 빵가루를 묻혀 튀긴다. 튀겨낸 것은 키친타월을 깔고 생선구이 그릴에 올려 기름을 없앤다.

기무라 요시코(오사카 · 좌우)

원할 때 척척 홈베이커리

집에서 빵을 만들 때 가장 성가신 게 재료를 계량하는 일. 그래서 평소에 시간이 될 때 계량한 재료를(이스트 제외) 비닐봉지에 넣어 냉장 보관한다. 빵을 굽고 싶을 때는 빵종과 물, 이스트를 세팅하면 준비 완료. 시간이 없을 때도 쉽게 꺼내 쓸 수 있어서 자주 과자를 굽는다.

기타무라 메구미(치바 · 우우)

에코백 장바구니로 정리 시간 단축

가게에서 쇼핑이 끝난 후 식료품을 옮겨 담는 데 의외로 시간이 많이 걸린다. 계산할 때 에코백을 꺼내 담으면 따로 옮겨 담을 필요가 없어 편리하다.

요시모토 마사요(사이타마 · 좌우)

[장보기 요령 1] 에코백 세 개!

사온 식재료를 정리하는 일도 꽤 번거로운데 장바구니 세 개로 간단히 해결할 수 있다. 세 개의 에코백을 준비한 다음 ①에는 냉동·냉장시품을, ②에는 채소와 과일을, ③에는 봉지식품이나 통조림 등 상온 보관 제품으로 나눠 담는다. 귀가한 뒤 ① → ② → ③순으로 정리하면 편하다.

[장보기 요령 2] 한 카트에 두 바구니

에코백에 넣기 전 과정을 도와주는 방법이다. 장보는 카트에 바구니 두 개를 싣는다. 한 바구니에는 채소와 과일을, 다른 바구니에 냉장 및 냉동 식품과 상온 보관 제품을 넣는다. 계산대에서는 첫 번째 바구니 물건을 에코백 ②에 넣어 시간을 단축한다.

오야마 유노(도쿄 · 우우)

옮긴이 **박재현**

상명대학교 일어일문학과를 졸업하고 일본으로 건너가 일본외국어전문학교 일한 통·번역학과를 졸업했다.
일본도서 저작권 에이전트로 일했으며, 현재는 출판기획 및 전문 번역가로 활동 중이다.
역서로 《물건은 좋아하지만 홀가분하게 살고 싶다》 《투룸 수납 인테리어》 《육아 수납 인테리어》
《장이 살아야 내 몸이 산다》 《혈관이 살아야 내 몸이 산다》 《아들러 심리학을 읽는 밤》 《니체의 말》 《괴테의 말》
《불안한 원숭이는 왜 물건을 사지 않는가》 등 다수가 있다.

카페처럼 아늑하고 세련된 주방 꾸미기

갖고 싶다 이런 키친

1판 1쇄 펴낸날 2016년 7월 15일

지은이 | 스즈키 나오코
옮긴이 | 박재현

펴낸이 | 박경란
펴낸곳 | 심플라이프
등 록 | 제2011-000219호(2011년 8월 8일)
주 소 | 서울시 은평구 은평터널로 60 수색진흥엣세벨 105-1204
전 화 | 02-338-3338
팩 스 | 02-332-3339
이메일 | simplebooks@daum.net
블로그 | http://simplebooks.blog.me

ISBN 979-11-86757-08-6 13590